Jürgen H. Franz

Nikolaus von Kues – Philosophie der Technik und Nachhaltigkeit

Philosophie, Naturwissenschaft und Technik
Band 5

Jürgen H. Franz

# Nikolaus von Kues –
# Philosophie der Technik
# und Nachhaltigkeit

Verlag für wissenschaftliche Literatur

Umschlagabbildung: Eine Weinkellertreppe in Enkirch an der Mosel © Jürgen H. Franz

ISBN 978-3-7329-0369-6
ISBN (E-Book) 978-3-7329-9658-2
ISSN 2365-4074

© Frank & Timme GmbH Verlag für wissenschaftliche Literatur
Berlin 2017. Alle Rechte vorbehalten.

Das Werk einschließlich aller Teile ist urheberrechtlich geschützt.
Jede Verwertung außerhalb der engen Grenzen des Urheberrechtsgesetzes ist ohne Zustimmung des Verlags unzulässig und strafbar.
Das gilt insbesondere für Vervielfältigungen, Übersetzungen,
Mikroverfilmungen und die Einspeicherung und Verarbeitung in
elektronischen Systemen.

Herstellung durch Frank & Timme GmbH,
Wittelsbacherstraße 27a, 10707 Berlin.
Printed in Germany.
Gedruckt auf säurefreiem, alterungsbeständigem Papier.

www.frank-timme.de

Meiner Mutter
Margarete (Gretel) Franz
zum 90. Geburtstag
im Juni 2017

# Vorwort

Im vorliegenden Buch wird das Wagnis eingegangen, eine cusanische Philosophie der Technik zu begründen und damit den Philosophen und Theologen Nikolaus von Kues (1401 - 1464) posthum zu einem Technikphilosophen zu küren. Es ist vor allem deshalb ein Wagnis, weil Nikolaus von Kues (Cusanus) den Begriff der Technik in seinem Gesamtwerk kein einziges Mal verwendet, sondern allein den der ars humana, also den der menschlichen Kunst. Diese Kunst besteht darin, Neues zu erfinden, beispielsweise stoffliche Produkte wie die von Cusanus genannten Brillen oder Löffel. Sie umfasst somit denjenigen Bereich, den wir heute mit dem Begriff der Technik bezeichnen. Die Technik macht allerdings nur einen kleinen Teil des cusanischen Begriffs der Kunst aus. Denn dieser schließt auch das Erfinden geistiger Produkte ein, wie beispielsweise alle Wissenschaften einschließlich ihrer Theorien und Begriffe.

Nikolaus von Kues hat selbst kein technikphilosophisches Werk geschrieben. Dann wäre das vorliegende Buch kein Wagnis. Seine Philosophie der Technik muss aus dem vielfältigen Gedankengut, das im Werk des Cusanus schlummert und einen technikphilosophischen Bezug hat, allererst konstruiert werden. Das Ergebnis ist überraschend. Denn es zeigt eine Philosophie der Technik, die nicht nur von historischer Bedeutung ist, sondern erstaunlich modern. Sie ist eine Bereicherung gegenwärtiger Technikphilosophien, auch wenn diese Bereicherung teils nur darin besteht, an Vergessenes zu erinnern und scheinbar Bekanntes in einem neuen Licht erscheinen zu lassen.

Motiviert durch dieses erfreuliche Ergebnis werden im vorliegenden Buch zwei weitere Wagnisse eingegangen: erstens die Konzipierung einer Technikethik im cusanischen Geist und darauf aufbauend die Entwicklung eines Ethikkodex für Techniker und Ingenieure, und zweitens der Nachweis, dass Nikolaus von Kues ein früher Wegbereiter der Nachhaltigkeit und damit der nachhaltigen Entwicklung ist.

Das Buch versteht sich sowohl als Sach- als auch als Fachbuch. Als Sachbuch wendet es sich an alle, die Freude am Nachdenken über Technik und nachhaltige Entwicklung haben, eine bislang unbekannte Seite von Nikolaus von Kues entdecken wollen oder die Gegenwart technischer Entwicklungen aus dem Blickwinkel der Vergangenheit betrachten möchten. Als Fachbuch wendet sich das Buch an Technikphilosophen und Technikethiker vor allem im Bereich nachhaltiger Entwicklung.

## Vorwort

Das Buch entstand im Rahmen des Arbeitskreises *Philosophie und Technik* der *Kueser Akademie für europäische Geistesgeschichte*. Dieser Kreis wurde im Oktober 2010 in Kooperation mit dem Arbeitskreis *PHILOTEC* der Hochschule Düsseldorf gegründet, und kooperiert seit 2013 auch mit dem gemeinnützigen, interdisziplinären, wissenschaftlichen und bildungsorientierten *Arbeitskreis philosophierender Ingenieure und Naturwissenschaftler* (APHIN) e.V. Ich danke allen Mitgliedern dieses Kreises für insgesamt fünfundzwanzig Treffen, in denen wir uns sukzessive und kritisch dem Technikverständnis unseres Nikolaus näherten: Frau Becker, Frau Fieseler, Herr Herbst, Herr Keller, Herr Reiss, Frau Reuter, Herr Schwaetzer und Herr Vollet. Zur großen Freude aller Mitglieder durften wir bereits nach wenigen Treffen erkennen, dass im Gesamtwerk des Nikolaus von Kues in der Tat weitaus mehr Gedankengut zu einer Philosophie der Technik schlummert, als vorab zu ahnen oder zu hoffen war. Und am Ende durften wir gleichfalls mit Freuden feststellen, dass sich das cusanische Werk in philosophischen und ethischen Fragen der Technik und der Nachhaltigkeit als beachtlich modern und aktuell präsentiert, obgleich es bereits vor 600 Jahren verfasst wurde.

Enkirch an der Mosel                                                           Jürgen H. Franz
im Juni 2017

# INHALT

Vorwort . . . . . . . . . . . . . . . . . . . . . . . . . . . . . . . . . . . . . . . . . . . . . . . . . 7

Inhalt . . . . . . . . . . . . . . . . . . . . . . . . . . . . . . . . . . . . . . . . . . . . . . . . . . 9

I   EINLEITUNG . . . . . . . . . . . . . . . . . . . . . . . . . . . . . . . . . . . . . . . . 11

II   ARS HUMANA: EINE CUSANISCHE PHILOSOPHIE DER TECHNIK . . . . . 17
    1   Einleitung . . . . . . . . . . . . . . . . . . . . . . . . . . . . . . . . . . . . . . . 17
    2   Technik als ars humana und Handlung . . . . . . . . . . . . . . . . . . . . 18
    3   Kennzeichen technischer Handlungen . . . . . . . . . . . . . . . . . . . . 23
    3.1  Die Nützlichkeit der Technik . . . . . . . . . . . . . . . . . . . . . . . . . . 23
    3.2  Das Schöpferische der Technik . . . . . . . . . . . . . . . . . . . . . . . . . 26
    3.3  Die Kreativität und Freiheit des technischen Handelns . . . . . . . . . . 28
    3.4  Technik als Erfindung . . . . . . . . . . . . . . . . . . . . . . . . . . . . . . . 31
    3.5  Die Symbolik der Technik . . . . . . . . . . . . . . . . . . . . . . . . . . . . 34
    3.6  Zwischenfazit . . . . . . . . . . . . . . . . . . . . . . . . . . . . . . . . . . . . 37
    4   Die Bedeutung des cusanischen Technikbegriffs für die Gegenwart . 38
    4.1  Technisches Handeln . . . . . . . . . . . . . . . . . . . . . . . . . . . . . . . 39
    4.2  Technikfolgen . . . . . . . . . . . . . . . . . . . . . . . . . . . . . . . . . . . 41
    5   Fazit . . . . . . . . . . . . . . . . . . . . . . . . . . . . . . . . . . . . . . . . . . 53

III  DIE TECHNIKETHIK DES CUSANUS . . . . . . . . . . . . . . . . . . . . . . . . 57
    1   Ethik und Moral – Allgemeine und Angewandte Ethik . . . . . . . . . . 57
    2   Technik als Handeln und Ethik als Erfindung des Menschen . . . . . . 60
    3   Gleichheit, Gerechtigkeit und Goldene Regel . . . . . . . . . . . . . . . 62
    4   Die Kardinaltugenden . . . . . . . . . . . . . . . . . . . . . . . . . . . . . . 65
    5   Praktische Implikationen der cusanischen theoretischen Philosophie 67
    6   Das ethische Prinzip der Vervollkommnung . . . . . . . . . . . . . . . . 72
    7   Ethikkodex für Ingenieure und Techniker im cusanischen Geist . . . 74
    8   Das theologisch-ethische Prinzip der Nächstenliebe . . . . . . . . . . . 82
    9   Fazit . . . . . . . . . . . . . . . . . . . . . . . . . . . . . . . . . . . . . . . . . . 83

Inhalt

**IV CUSANUS: EIN WEGBEREITER DER NACHHALTIGKEIT** .............85
    1    Einführung ................................................. 85
    2    Die Welt als Ganzes und ihre Teile – explicatio und complicatio .... 91
    3    Die Endlichkeit der menschlichen Erkenntnis .................... 98
    4    Belehrte Unwissenheit ....................................... 102
    5    Exkurs: Cusanus und die Wissenschaften ..................... 103
    6    Der Stern namens Erde und die Nachhaltigkeit ................ 108
    7    Die schöpferische und kreative Freiheit des Menschen .......... 110
    8    Ethik der Nachhaltigkeit im cusanischen Geist ................. 112
    9    Fazit ....................................................... 123

**V EINE CUSANISCHE ONTOLOGIE DER ARTEFAKTE** .................... 127
    1    Einleitung ................................................. 127
    2    Was ist ein Artefakt? – Eine erste Annäherung .................. 128
    3    Der Mensch als Schöpfer, Erfinder und Künstler ...............129
    4    Das Erfinden und Hervorbringen von Artefakten als Prozess ..... 130
    5    Die soziale Dimension des Artefakts ....................... 132
    6    Was ist ein Artefakt? – Versuch einer Antwort .................133
    7    Fazit ....................................................... 136

**VI DOCTA IGNORANTIA: HUMANISIERUNG DER TECHNIK** ............ 137

**BIBLIOGRAPHIE** ................................................... 141
    1    Quellen .....................................................141
    2    Werke des Nikolaus von Kues ................................ 144

**PERSONENREGISTER** ............................................. 147

# Kapitel I
# Einleitung

> Ein jeder Mensch hat nämlich die
> freie Entscheidung [...]. (Cusanus)

Nikolaus von Kues - auch Cusanus genannt - wurde 1401 in Bernkastel-Kues an der Mosel geboren und starb 1464 in Todi in Umbrien auf dem Weg von Rom nach Ancona. Sein Leichnam wurde in der Kirche San Pietro in Vioncoli in Rom beigesetzt und sein Herz auf eigenen Wunsch in der Kapelle des von ihm bereits zu Lebzeiten gegründeten Stifts in Bernkastel-Kues. Diesen Stift gibt es noch heute und er wird nach wie vor nach seinen Regeln geführt. Geburtshaus, Cusanusbibliothek, Cusanusstift und Stiftskapelle stehen heute Besuchern offen. Eine fundierte Darstellung des Lebens von Nikolaus von Kues gibt beispielsweise (Reuter 2015).

Cusanus war Bischof, Kardinal und viele Jahre als Legat ein enger Vertrauter des Papstes. In dieser Funktion leistete er umfangreiche Aufgaben im Dienste der Kirche. Bereits zu Lebzeiten war Cusanus zudem ein weit über die Landesgrenzen hinaus bekannter Theologe und Philosoph. Auch seine Kenntnisse in der Mathematik und den Naturwissenschaften waren zu seiner Zeit herausragend. Seine Werke sind auch 550 Jahre nach seinem Tod noch in vielen Bereichen von erstaunlicher Aktualität und Modernität (Müller & Vollet 2013). Sie sind somit nicht nur für die historische Forschung von Interesse, sondern auch für eine Vielzahl moderner Forschungsgebiete. Im vorliegenden Buch werden drei Forschungsbereiche der Gegenwart vorgestellt, in denen die Aktualität von Cusanus erst in jüngster Zeit nachgewiesen wurde: Es sind dies (i) der Bereich der Technik, genauer: der Philosophie der Technik, (ii) die Technikethik und (iii) der besonders aktuelle Bereich der nachhaltigen Entwicklung.

Cusanus wirkte in der Zeit des Übergangs vom Mittelalter zur Renaissance. Er ist damit zweifelsfrei kein Technikphilosoph und hat folglich auch kein technikphilosophisches Werk geschrieben. Der Versuch, aus seinem philosophisch-theologischen Gesamtwerk eine Philosophie der Technik, eine Ethik der Technik und Gedanken zu einer nachhaltigen Entwicklung zu deduzieren ist damit ein besonderes Wagnis. Dieses Abenteuer vergrößert sich noch dadurch, dass der Begriff der Technik als solcher in seinem Werk kein einziges Mal vorkommt. Denn Nikolaus von Kues

I Einleitung

versteht Technik als eine menschliche Kunst. Sie fällt daher bei ihm unter den Begriff der ars humana, der sich in seinem Werk in einer Vielzahl unterschiedlicher Facetten zeigt. Gleichwohl wird in diesem Buch dieses Wagnis eingegangen. Denn es gibt eine begründete Hoffnung, bei Cusanus technikphilosophisch relevantes Gedankengut zu entdecken. Es ist eine Hoffnung, die durch ein Buch von Peter Fischer mit dem Titel *Technikphilosophie* gestärkt wird. In diesem Buch geht Fischer auf die Suche nach dem ersten Technikphilosophen und stößt dabei auf das cusanische Werk *Idiota de mente*, in dem ein Löffelschnitzer über seine technische Kunst des Löffelschnitzens berichtet und dabei, modern gesprochen, auch eine technikphilosophische Reflexion anstellt. Für Fischer steht damit fest: »Der Kardinal Nikolaus von Kues war der erste Technikphilosoph« (Fischer 1996, S. 8f). Fischer forscht jedoch weiter und kommt dann sukzessive zum Schluss, dass die ersten Technikphilosophen bereits in der Antike zu finden sind. Wie auch immer, die Aussage von Fischer war Anlass genug, den Versuch zu wagen, aufbauend auf einer Studie des umfangreichen Gesamtwerkes von Nikolaus von Kues eine cusanische Philosophie der Technik zu begründen und Cusanus damit posthum zu einem Technikphilosophen zu küren. Dieser Versuch wurde in jüngster Zeit vom Arbeitskreis *Philosophie und Technik* der *Kueser Akademie für Europäische Geistesgeschichte* in Kooperation mit dem wissenschaftlichen, interdisziplinären *Arbeitskreis philosophierender Ingenieure und Naturwissenschaftler* (APHIN) e.V. und dem Forschungskreis PHILOTEC der Hochschule Düsseldorf durchgeführt.

Einen hoffnungsvollen Hinweis, dass Cusanus auch in puncto Nachhaltigkeit seine Spuren hinterlassen hat, liefert Ulrich Grober, der in seiner Untersuchung der Kulturgeschichte des Begriffs der Nachhaltigkeit ebenfalls bei Cusanus fündig wird (Grober 2010, S. 64f). Auch diese Spur wird im vorliegenden Buch aufgegriffen und verfolgt. Es möchte folglich den Nachweis erbringen, dass im Gesamtwerk des Cusanus Gedankengut enthalten ist, das sich für die aktuellen Debatten in der Technikphilosophie, der Technikethik und der nachhaltigen Entwicklung als erstaunlich fruchtbar erweist. Man darf allerdings nicht erwarten, aus seinem Gesamtwerk konkrete Lösungen für die vielfältigen speziellen Probleme der Technik- und Nachhaltigkeitsdebatte der Gegenwart ableiten zu können. Diese Erwartung wird nicht erfüllt. Dass dennoch eine kritische Auseinandersetzung mit seinem Werk diesbezüglich lohnenswert ist, gründet vor allem darin, dass durch sie die gegenwärtig zu lösenden Probleme und Fragen aus der Perspektive eines entfernteren Standpunktes betrachtet und beurteilt werden. Es ist somit eine Auseinandersetzung, die davon profitiert, dass sie einen Schritt zurücktritt. Das Werk des Cusanus wurde vor etwa sechshundert Jahren publiziert. Die Auseinandersetzung entspricht somit einem historischen Zurücktreten, das nicht nur den Blick erweitert, sondern auch an bereits Vergessenes erinnert und scheinbar Bekanntes in einem neuen Licht erscheinen lässt. Es ist folglich vor allem der historisch erweiterte Blickwinkel auf die Probleme gegenwärtiger Technik- und Nachhaltigkeitsdebatten, der aus einer Auseinandersetzung mit dem Werk des Cusanus erwartet werden darf.

Es gibt zumindest zwei Zugänge zum Technikverständnis des Cusanus: der ingenieurmäßige und der philosophische. Beim ingenieurmäßigen Zugang werden die vielfältigen technischen Artefakte und Experimente, die im Werk des Cusanus beschrieben werden - beispielsweise in seinem Werk *Der Laie und die Experimente mit der Waage* (*Idiota de staticis experimentis*) - im Hinblick auf ihre jeweilige Funktion, ihre Realisierung und ihren Nutzen untersucht. Es sind somit die vielfältigen technischen Beispiele in ihrer jeweiligen Besonderheit, die beim ingenieurmäßigen Zutritt von Interesse sind. Beim philosophischen Zugang sucht man dagegen nach der Einheit, die diese Vielfalt an Techniken verbindet. Im Fokus steht somit das verknüpfende Allgemeine und nicht das spezifische Besondere. Es geht folglich um die technikphilosophische Frage: Welchen Wesensbegriff von Technik hat Cusanus? Um diese Frage zu beantworten und aufbauend darauf eine cusanische Philosophie der Technik zu konstruieren, ist - da es kein technikphilosophisches Werk von Cusanus gibt - ein Studium des Gesamtwerkes unumgänglich. Auf diese Weise lassen sich eine beträchtliche Anzahl an Zitaten mit technikphilosophischen Gedanken zusammentragen. Die weitere Aufgabe besteht dann darin, aus diesen sehr unterschiedlichen Puzzleteilen sukzessive ein Gesamtbild zu erstellen, das schließlich die cusanische Philosophie der Technik erkennen lässt und dazu berechtigt, Cusanus posthum zu einem Technikphilosophen zu küren. In völlig analoger Weise können auch eine cusanische Ethik der Technik konstruiert und das cusanische Gedankengut zur nachhaltigen Entwicklung offengelegt werden.

## I Einleitung

Die Mathematik, die Cusanus zur Veranschaulichung seiner philosophischen und theologischen Gedanken immer wieder heranzieht, wird im vorliegenden Buch nicht berücksichtigt. Hier sei auf das Buch von Ingo Reiss verwiesen, in dem das Verhältnis von Mathematik und Technik bei Nikolaus von Kues untersucht wird (Reiss 2016).

Im Anschluss an diese Einleitung wird im Kapitel II auf der Grundlage des philosophisch-theologischen Gesamtwerkes von Nikolaus von Kues eine cusanische Philosophie der Technik abgeleitet, begründet und in Bezug auf ihre Bedeutung für die gegenwärtigen technikphilosophischen Fragen und Probleme geprüft. Es wird gezeigt, dass diese cusanische Philosophie der Technik nicht nur eine plausible und aktuelle Antwort auf die zentrale technikphilosophische Frage nach dem Wesen von Technik gibt, sondern auch die Gründe für die inhärente Ambivalenz der Technik erschließt. Der Text dieses zweiten Kapitels wurde erstmals 2012 unter dem Titel *Der Technikbegriff des Nikolaus von Kues und seine Bedeutung für die Gegenwart* als Buchbeitrag bei Aschendorff in Münster publiziert (Franz 2012) und mit Erlaubnis des Verlages in diesem Buch mit geringfügigen Änderungen erneut abgedruckt.

Die erfolgreiche Entwicklung der cusanischen Philosophie der Technik als Teilgebiet der theoretischen Philosophie motivierte, auch eine cusanische Technikethik als Teilgebiet der praktischen Philosophie zu begründen. Die Ergebnisse sind Inhalt des Kapitels III. In diesem werden zunächst die ethischen Grundbegriffe der cusanischen Ethik aufgedeckt - Gleichheit, Gerechtigkeit, Goldene Regel und Tugend - und ihre Bedeutung für die Technikethik aufgezeigt. Anschließend wird untersucht, ob nicht auch seine Technikphilosophie praktisch-ethische Implikationen erlaubt, die in eine Technikethik einfließen können. Aufbauend auf diesen beiden Schritten wird abschließend als praktische Anwendung ein Ethikkodex für Techniker und Ingenieure im cusanischen Geist entwickelt und seine Bedeutung für die Gegenwart beurteilt.

Im Kapitel IV wird begründet, dass Cusanus ein früher Wegbereiter der Nachhaltigkeit ist und zwar für eine nachhaltige Entwicklung im Allgemeinen und für eine im Bereich der Technik im Besonderen. Und ebenso wie in den vorigen Kapiteln wird auch in diesem Kapitel deutlich, dass das Werk des Cusanus auch im Hinblick auf Nachhaltigkeit nicht allein von historischem Interesse ist, sondern erneut von erstaunlicher Aktualität. Der Text dieses Kapitels wurde mit Erlaubnis des Oekom-

# I Einleitung

Verlags dem Buch *Nachhaltigkeit, Menschlichkeit, Scheinheiligkeit* (Franz 2014) entnommen und für das vorliegende Buch leicht verändert.

Eine zentrale technikphilosophische Frage ist die nach der Ontologie von Artefakten und damit nach dem Wesen künstlicher, durch den Menschen geschaffener Produkte. Auf diese Frage wird im Kapitel V eine cusanische Antwort gegeben.

Im letzten Kapitel des Buches - Kapitel VI - wird ein cusanischer Schlüsselbegriff aufgegriffen, der bereits in den vorangegangen Kapiteln eine Rolle spielte, aber in diesen nur im Hinblick auf die jeweilige Zielsetzung berücksichtigt wurde. Es ist der Begriff der Belehrten Unwissenheit, der docta ignorantia, dem Cusanus sein Hauptwerk widmete. Das letzte Kapitel fasst die Ausführungen der vorangegangenen Kapitel zu diesem Begriff zusammen, um die aktuelle Bedeutung der docta ignorantia für den Bereich der Technik und der nachhaltigen Entwicklung nochmals in geschlossener Form aufzuzeigen.

Es gibt eine aus dem Werk des Cusanus ableitbare Bestimmung von Technik, die besonders aktuell ist und in allen Kapiteln dieses Buches präsent ist. Es ist die Bestimmung der Technik als eine Weise des Handelns. Die folgende Abbildung gibt eine Vorstellung davon, wie stark diese Bestimmung das theoretische und praktische Technikverständnis von Cusanus prägt.

Abschließend einige wenige editorische Hinweise: Es wird in diesem Buch das Ziel verfolgt, die einzelnen Kapitel als in sich abgeschlossene Beiträge zu gestalten, so dass sie weitestgehend unabhängig voneinander gelesen werden können. Dadurch entstehen mitunter Wiederholungen, die jedoch zumeist an die Themen der jeweiligen Kapitel angepasst und nur in wenigen Fällen, wo es adäquat erschien, wortwörtlich sind. Die verwendeten Quellen werden unmittelbar im Text angegeben. Für die besonders häufig zitierten Werke des Nikolaus von Kues werden Abkürzungen verwendet. So wird *Nikolaus von Kues* in den Quellenangaben konsequent mit NvK abgekürzt. Die Titel seiner Werke werden derart abgekürzt, dass eine Verwechslung im Literaturverzeichnis am Ende des Buches ausgeschlossen ist. So wird beispielsweise der Werkstitel *Idiota de mente* mit *de mente* abgekürzt und *Dialogus de ludo globi* mit *ludo globi*. Die Übersetzungen der cusanischen Quellen sind, sofern nicht explizit angegeben, wahlweise dem bei Meiner publizierten vierbändigen Werk *Nikolaus von*

# I  Einleitung

*Kues. Philosophisch-theologische Werke* und den im Cusanus-Portal (www.cusanus-portal.de) publizierten Werken entnommen.

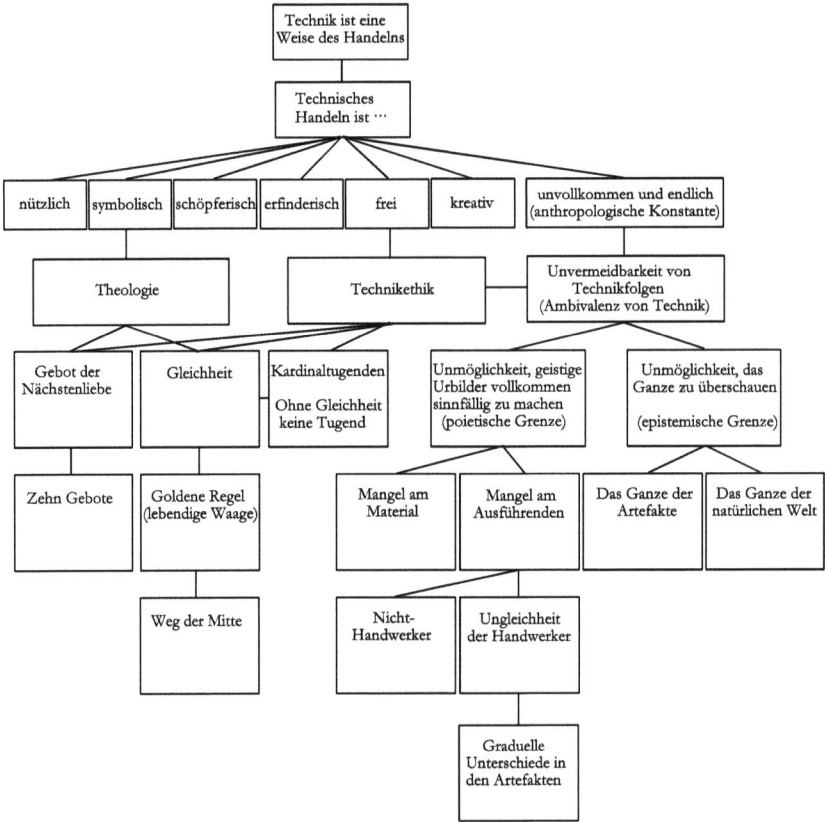

Abbildung 1: Technikphilosophisches Gedankengut im Werk des Nikolaus von Kues

# Kapitel II
## Ars humana: Eine cusanische Philosophie der Technik

> [A]lle menschlichen Künste sind gewisse Abbilder der
> unendlichen und göttlichen Kunst. (Cusanus)

### 1 Einleitung

Was ist Technik? Wer diese Frage nach der Technik stellt, denkt vermutlich zunächst an Martin Heidegger und an seinen 1953 an der Technischen Universität München gehaltenen Vortrag *Die Frage nach der Technik* (Heidegger 1953) oder an Ernst Kapp, der in seinem 1877 publizierten Werk *Grundlagen einer Philosophie der Technik* den Begriff der Technikphilosophie einführte (Kapp 1877), oder an die zunehmend technikkritischen Auseinandersetzungen zu Beginn des Industriezeitalters im 19. Jahrhundert oder an die nahezu unüberschaubare große Vielfalt technikphilosophischer Publikationen der Gegenwart, insbesondere seit der zweiten Hälfte des 20. Jahrhunderts (Hubig & Huning & Ropohl 2013). An Nikolaus von Kues (Cusanus) denk man sicherlich bei der Frage nach der Technik oder dem Begriff der Technik zunächst nicht. Diese Frage im Hinblick auf Cusanus zu stellen ist ein Wagnis. Denn was kann man von einem mittelalterlichen Philosophen am Übergang zur Renaissance, der vor allem durch seine philosophisch-theologischen Schriften bekannt ist und als Kardinal umfangreiche Aufgaben im Dienste der Kirche zu leisten hatte, in puncto Technik schon erwarten? Das Wagnis vergrößert sich noch dadurch, dass der Begriff der Technik in seinen Werken an keiner Stelle vorkommt, sondern allein der Begriff der Kunst (ars) in seinen unterschiedlichen Facetten. Dennoch wird in diesem Kapitel dieses Wagnis eingegangen. Zielführend sind dabei die beiden folgenden Fragen: (1) Welchen Begriff der Technik oder welches Technikverständnis hatte Cusanus? (2) Welche Bedeutung haben sein Technikbegriff und die daraus ableitbaren Implikationen für die Gegenwart? Diese beiden Fragen werden thesenartig beantwortet. Als Antwort auf die erste Frage werden die folgenden beiden Thesen begründet:

(1) Der Begriff der Technik ist bei Cusanus der Begriff der ars humana und als solcher ein Artbegriff des Gattungsbegriffs der Handlung. Technik ist ergo kein Ding, sondern eine Form von Handlung.

Kapitel II   Ars humana: Eine cusanische Philosophie der Technik

(2) Technik als Handlung ist bei Cusanus durch zumindest sechs Eigenschaften prädiziert. Technische Handlungen sind frei, kreativ, schöpferisch, erfinderisch, nützlich und symbolisch, wobei letztere, im Gegensatz zum modernen Technikverständnis, die für Cusanus primäre ist.

Die thesenartige Antwort auf die zweite Frage lautet:

(3) Der cusanische Begriff der Technik erlaubt Implikationen, die von besonderer Aktualität sind, aber von Cusanus nur zum Teil bereits selbst formuliert wurden. Von aktueller Bedeutung sind vor allem sein Ausweis von Technik als Handlung und seine Begründung der inhärenten Unvollkommenheit und Endlichkeit des Menschseins, welche die Notwendigkeit der Ambivalenz von Technik impliziert.

Im weiteren Fortgang dieses Kapitels wird zunächst der Begriff der Technik im Sinne Cusanus als ars humana gedeutet und als eine Form von Handlung begründet (Abs. 2). Anschließend werden die Eigenschaften des cusanischen Technikbegriffs aufgezeigt (Abs. 3). Die daraus ableitbaren Implikationen werden schließlich in puncto ihrer Bedeutung für die Gegenwart geprüft und beurteilt (Abs. 4). Dabei wird der Versuch unternommen, die allen technischen Handlungen inhärenten unerwünschten Technikfolgen auf die durch Cusanus begründete humane Unvollkommenheit und Endlichkeit als anthropologische Konstanten zurückzuführen. Das Kapitel schließt mit einem Fazit (Abs. 5).

Dieses Kapitel ist somit primär ein technikphilosophisches und kein technikethisches. Im Fokus stehen daher der cusanische Technikbegriff, seine Prädikate und Implikationen, nicht aber die moralischen Regeln im Umgang mit Technik. Ebenso wenig leistet dieses Kapitel eine historische, ingenieur- oder naturwissenschaftliche Erörterung. Denn es blickt nicht auf die einzelnen Techniken des ausgehenden Mittelalters und der beginnenden Renaissance im Besonderen, sondern auf das Wesen der Technik und somit auf die Technik im Allgemeinen. Das Ziel ist somit die Konstruktion einer Philosophie der Technik im cusanischen Geist.

## 2   TECHNIK ALS ARS HUMANA UND HANDLUNG

Steht man vor der Aufgabe, den Technikbegriff des Cusanus zu entfalten oder, wie man sprachphilosophisch sagen würde, zu analysieren, dann ist es naheliegend, diesen

## 2 Technik als ars humana und Handlung

Begriff zunächst in seinem Werk aufzusuchen. Wie bereits einleitend erwähnt, schlägt dieser Schritt aber fehl, da Cusanus den Begriff der Technik (technica) nicht verwendet. Dieser Begriff geht auf den griechischen Begriff der techné zurück, der im weitesten Sinne als *Kunst*fertigkeit gedeutet werden kann und damit als eine Gabe etwas zu fertigen oder zu bilden. Zur techné gehörten in der Antike neben der handwerklichen Kunst, auch die Kunst der Staatsführung (Politik) und die Redekunst (Rhetorik). Sie repräsentiert nicht nur ein rein praktisches Können, sondern auch ein theoretisches. Sie ist somit eine bereits wissensgeleitete *Kunst*fertigkeit.

Im Mittelalter und in der Renaissance wird diese *Kunst*fertigkeit mit dem lateinischen Wort *ars* (Kunst) bezeichnet. Dabei wurde der Begriff der ars ähnlich weit gefasst, wie der Begriff der techné in der Antike. Besonders deutlich wird dies im Werk des Cusanus. Dort findet sich die folgende Vielfalt unterschiedlicher ars-Begriffe: ars absoluta, ars calculatoria, ars coclearia, ars communis, ars creativa, ars creatix, ars decendi, ars divina, ars finita, ars generalis, ars humana, ars imitatoria, ars infinita, ars memorandi, ars naturalior facilorque, ars naturam imitans, ars perfectoria, ars perspektiva, ars prima, ars humana dicendi, ars rhetorica, ars scribendi, ars secunda, una ars scribendi, artes liberales, artes mechanicae. Diese Liste ist sicherlich noch nicht vollständig. Für die Zielsetzung dieses Kapitels ist dies aber irrelevant.

Entscheidend für die Frage nach der Technik ist die in dieser Auflistung genannte ars humana, die Kunst des Menschen. Aber auch diese ist bei Cusanus noch äußerst vielfältig. Denn sie schließt sowohl das Erfinden und Hervorbringen von künstlichen Formen oder Artefakten ein, also von materiellen Kunstprodukten, als auch die Erfindung von Mutmaßungen und Wissenschaften, also von geistigen Produkten. Im Zentrum dieses Kapitels steht derjenige Technikbegriff des Cusanus, der dem modernen Verständnis von Technik am nächsten kommt, nämlich der des Erfindens und Hervorbringens von künstlichen Formen, Kunstprodukten oder Artefakten, wie beispielsweise der in *Idiota de mente* genannte Löffel des Löffelschnitzers. Der Löffel entsteht zunächst als Form, Idee oder Urbild im Geist des Löffelschnitzers. Dieses geistige Urbild wird sodann durch die Bewegung des Schnitzmessers in den Stoff des Holzes überführt, sodass schließlich ein realer Löffel als physisches und damit sinnenfälliges Abbild des geistigen Urbildes entsteht. Nicht anders werden heute im 21.

Jahrhundert in den Ingenieurwissenschaften neue Produkte entwickelt. Auch sie entstehen zunächst als Ideen oder Urbilder im Geist von Ingenieuren oder Technikern. Die physische Umsetzung dieser geistigen Ideen erfolgt dann im zweiten Schritt mit adäquaten Werkzeugen einerseits und passenden Materialien oder Stoffen andererseits. Im weiter gefassten Sinne trifft dies auch auf komplexe Produkte wie Kraftwerke, Flugzeuge und Fernsehgeräte zu, auch wenn zum Hervorbringen dieser technischen Produkte die geistigen Urbilder meist mehrerer schöpferisch tätiger Ingenieure erst zu einem gemeinsamen geistigen Urbild vereint werden müssen.

Aus diesen Überlegungen wird bereits deutlich, dass die ars humana stets zwei Aspekte vereint: einen geistigen und einen physischen. Oder anders formuliert: Die ars humana setzt sich stets aus einer geistigen Aktivität und einer physischen Handlung zusammen. Beide bilden eine Einheit. Im ersten Schritt des mentalen Aktes erfolgt das Ausdenken oder das Bilden der Idee oder des Urbildes. Im zweiten Schritt wird durch eine physische Handlung, wie das Bewegen des Schnitzmessers, das Urbild realisiert. Problematisch ist in diesem Zusammenhang die Erklärung des Übergangs vom mentalen Akt zur physikalischen Bewegung und damit die Beantwortung der Frage, wie etwas Geistiges etwas Physikalisches, beispielsweise eine Körperbewegung, bewirken kann. Zur Zeit von Cusanus stellte sich diese Frage noch nicht. Heute wird sie vor allem in der Philosophie des Geistes und der Handlungstheorie thematisiert (z.B. in Franz 2010).

Dass Cusanus die ars humana und damit die Technik als Handlung deutet, wird aus der Vielzahl von Verben deutlich (häufig substantiviert), mit denen er das Erfinden und Hervorbringen künstlicher Formen beschreibt. So beispielsweise die physischen Verben hervorbringen, zustandebringen, sinnenfällig machen, herausschnitzen, polieren, gestalten, erschaffen, schmieden, drehen, weben, drechseln und schmelzen, oder die mentalen Verben ausdenken, überlegen und beschließen.

Zu beachten ist, dass die Kunst nicht mit dem Gegenstand der Kunst verwechselt wird. So ist die Kunst des Löffelschnitzers die fachgerechte Tätigkeit des Schnitzens, der Gegenstand seiner Kunst ist der durch das Schnitzen hervorgebrachte Löffel und damit ein Produkt seiner Kunst oder kurz: ein Kunstprodukt oder Artefakt. Die Kunst ist somit eine Tätigkeit oder Handlung, die aber, so wie oben gezeigt wurde,

## 2 Technik als ars humana und Handlung

nicht allein in der physischen Handlung besteht, dem Bewegen des Schnitzmessers, sondern auch aus einer vorhergehenden geistigen Aktivität, dem Erfinden des Löffels. Das Kunstprodukt ist dagegen ein sinnenfälliges Ding, zumindest bei den Kunstprodukten der Handwerker zur Zeit des Cusanus und der Techniker und Ingenieure der heutigen Zeit. Da Cusanus den Begriff des Erfindens auch auf das Erfinden von Wissenschaften und Vermutungen ausdehnt, gibt es bei Cusanus auch geistige Kunstprodukte, die aber hier nicht weiter betrachtet werden (Kapitel V).

Indem Cusanus Technik nicht verdinglicht, sondern als Handlung begründet, erlangt er eine besondere Aktualität. Ingenieure und Techniker der Gegenwart planen, konzipieren, bearbeiten, entwerfen, konstruieren, realisieren und verrichten vieles andere mehr. Dies bedeutet, sie handeln. Da dieses Handeln in aller Regel mittels Werkzeugen oder Geräten vollzogen wird, deuten Gethmann und Gethmann-Siefert Technik treffend als »gerätegestütztes Handeln« (Gethmann & Gethmann-Siefert 2000, S.12). Dies hat Konsequenzen. Denn wenn Technik wesentlich eine Form von Handlung ist, Technik also Praxis ist, dann unterliegt technisches Handeln ebenso wie jedes andere menschliche Handeln moralischen Maßstäben. Technik ist folglich nicht nur Gegenstand der theoretischen Philosophie, die beispielsweise nach der Ontologie von Technik fragt, sondern auch der praktischen Philosophie, maßgeblich der Ethik im Allgemeinen und den angewandten Ethiken wie der Technikethik im Besonderen. Indem Cusanus die Technik bzw. die ars humana als Handlung begründet, legt er den Grundstein für eine ethische Auseinandersetzung mit technischen Handlungen (Kapitel III). Er löst damit die ars humana vom Raum der Ursachen und verortet sie im Raum der Werte und Gründe. Der hartnäckigen Behauptung der Wertfreiheit technischer Handlungen wird damit bereits durch Cusanus der Grundstein entzogen.

Menschliche Handlungen sind seit der Antike Gegenstand der praktischen und theoretischen Philosophie. Seit Mitte des 20. Jahrhunderts sind menschliche Handlungen auch zunehmend Gegenstand philosophischer Handlungstheorien. In diesen Theorien ist der Begriff der Absicht ein Schlüsselbegriff, da er den (geistigen) Grund einer Handlung (nicht dessen kausale Ursache) offenlegt. Bedeutung erlangte dieser Begriff in den Handlungstheorien vor allem durch das Werk *Intention* von Gertrude E. M. Anscombe (Anscombe 1957). Auch bei Cusanus findet sich bereits der handlungstheoretisch relevante Begriff der Absicht (intentio), z.B. in *De beryllo*. Hier erläutert er, dass ≯[...] das Geschöpf die Absicht des Schöpfers ist, und wir wollen betrachten, daß die Absicht seine wahrste Washeit ist. Denn, um ein Gleichnis zu verwenden, wenn jemand mit uns spricht und wir die Washeit der Rede erfassen, erfassen wir nichts als die Absicht des Sprechenden. So, wenn wir durch die Sinne die sinnenfälligen Erkenntnisbilder schöpfen, vereinfachen wir sie soweit wie möglich, damit wir mit der Vernunft die Washeit der Sache sehen. Die Erkenntnisbilder vereinfachen meint aber, die vergänglichen Akzidenzien entfernen, die nicht Washeit sein können, damit wir durch diskursive Überlegung in den genauen Vorstellungsbildern wie in der Rede oder Schrift zur Absicht der Schöpfervernunft gelangen. Dabei wissen wir, daß die Washeit jener Sache, die in jenen Zeichen und Figuren einer sinnenfälligen Sache wie in einer Schrift oder einer gesprochenen Rede enthalten ist, die Absicht der Vernunft ist, so daß das Sinnfällige gleichsam das Wort des Schöpfers ist, in welchem dessen Absicht enthalten ist; wenn wir sie erfaßt haben, wissen wir die Washeit und kommen zur Ruhe. Um der Absicht willen aber ist die Offenbarung, denn der Sprechende oder die Schöpfervernunft beabsichtigt, sich in bestimmter Weise zu offenbaren. Ist also die Absicht erfaßt, die die Washeit des Wortes ist, dann haben wir das Wesenswas. Denn das Wesenswas bei der Vernunft ist in der Absicht erfaßt, so wie in einem vollendeten Haus die Absicht des Erbauers erfaßt ist, die bei seiner Vernunft war≮ NvK *de beryllo*, c. XXXII, n. 54).

Im Sprachgebrauch von Cusanus repräsentiert folglich die Absicht die Washeit einer Handlung. So kann beispielsweise ein Gruß durch verschiedene Körperbewegungen vollzogen werden, beispielsweise durch Heben eines Armes, Aufrichten des Zeigefingers oder Zwinkern mit den Augen. In der Begrifflichkeit von Cusanus sind dies *Erkenntnisbilder*, die nach Abzug aller Akzidenzien die geistige Absicht, den geistigen Grund oder die *Washeit* der Handlung freilegen oder offenbaren. Dies gilt uneingeschränkt sowohl für das schöpferische Handeln des Menschen als auch für die Schöpfung Gottes. Die schöpferischen Werke Gottes als auch die des Menschen sind Erkenntnisbilder, die den Weg zur Erkenntnis der Washeit öffnen und somit zu den schöpferischen, geistigen Ideen des Menschen oder zum Urbild Gottes, sobald man die vielfältigen Akzidenzien entfernt hat. Für die schöpferische Tätigkeit des Menschen kann hieraus die folgende These deduziert werden: Die schöpferische, geistige Idee des Menschen und das sinnenfällige menschliche Werk stehen im gleichen kategorialen Verhältnis wie Washeit und Washeit plus Akzidenzien oder wie Form und Form plus Materie (also die geformte Materie). Die Washeit repräsentiert folglich den Grund, die Absicht, die geistige Idee oder das geistige Urbild des hervorzubringenden Kunstproduktes. Mit der Rückführung der schöpferischen Handlung auf die Absicht des Schöpfers erweist sich daher Cusanus als ein Denker, der auch für moderne philosophische Handlungstheorien von Bedeutung ist.

## 3 KENNZEICHEN TECHNISCHER HANDLUNGEN

Was ist Technik? Im vorigen Abschnitt wurde begründet, dass Cusanus Technik als Handlung deutet und somit Technik als einen Artbegriff unter den Gattungsbegriff der Handlung subsumiert. In diesem Abschnitt wird nun weiterführend untersucht, welche Prädikate Cusanus der technischen Handlung als ars humana zuweist.

### 3.1 DIE NÜTZLICHKEIT DER TECHNIK

Der Aspekt des Nutzens ist im modernen Sinne sicherlich das herausragende Kennzeichen von Technik bzw. technischer Handlungen. Auch in den Werken von Cusanus spielt die Nützlichkeit der Technik und ihrer Produkte eine besondere Rolle, aber nicht die primäre, wie noch zu zeigen ist. Besonders deutlich wird der Aspekt der Nützlichkeit in seinem *Compendium*: »Jemandem, der dies alles betrachtet, wird offenbar, was in den mechanischen [handwerklichen][1] und freien Künsten und in der Ethik vom Menschen entdeckt wurde. Denn allein der Mensch hat entdeckt, wie eine brennende Kerze das Fehlen des Lichtes ausgleicht, so daß er sieht, und wie man bei schlechtem Sehen durch eine Brille abhilft, wie man optische Täuschungen durch die Kunst der Perspektive korrigiert, wie man rohe Speise dem Geschmack durch das Kochen anpaßt, üble Gerüche durch duftendes Räucherwerk vertreibt, die Kälte durch Kleider, Feuer und ein Haus, die Langsamkeit durch Fahrzeuge und Schiffe, die Verteidigung durch Waffen, das Gedächtnis durch Schriften und die Kunst der Erinnerung unterstützt« (NvK *compendium*, c. VI, n. 18). Alle in diesem Zitat aufge-

---

[1] Diese Übersetzung wählen Decker & Bormann.

führten Kunstprodukte zeichnen sich wesentlich durch ihren Zweck oder ihre Funktion aus, welche die Washeit oder das Wesen des Produktes bestimmen. Daher kann Cusanus beispielsweise bezüglich des Produktes *Haus* behaupten: »[Z]um wahren Sein des Hauses [also zum Haussein; jhf] ist erforderlich, daß es wegen des Zweckes, um dessentwillen es ist, sinnenfällig ist« (NvK *de beryllo*, c. XXXIII, n. 56). Das Haus wird ergo gebaut, *um* darin zu wohnen. Das Wohnen ist der Zweck, das Haus das dazu adäquate Mittel. Das technische Handeln, welches das Haus hervorbringt, ist somit nützlich, da es dem Leben dient. Gleiches gilt für das Hervorbringen anderer künstlicher Produkte, beispielsweise eines Ofens *zum* Wärmen der Wohnung, einer Couch *zum* bequemen Sitzen, eines Autos oder Flugzeugs *zum* schnellen Fortbewegen oder eines Korkenziehers *zum* Öffnen von Weinflaschen. Bemerkenswert ist, dass Cusanus die durch die menschliche Kunst geschaffenen Kunstprodukte zumeist (aber nicht konsequent) als Mittel auszeichnet, nicht aber die Kunst selbst. Diese Unterscheidung gewinnt erst mit der Industrialisierung an Bedeutung. Denn mit der Gleichsetzung von menschlicher Kunst und Mittel, wird der Mensch selbst zum Mittel.

Die unreflektierte Auflistung der Kunstprodukte im obigen Zitat aus dem *Compendium* verdeutlicht die noch völlig ungetrübte Faszination von Cusanus für die Technik. Es ist eine Faszination, die noch frei von jeglicher Technikkritik ist und frei von Debatten über unerwünschte Technikfolgen. Unglücke mit den von Cusanus genannten Fahrzeugen waren sicherlich zu seiner Zeit bereits Anlass zum Gespräch, wurden aber im Vergleich zur heutigen Zeit vermutlich noch nicht problematisiert oder gar philosophisch reflektiert. Die technische Verteidigung mit Waffen steht im obigen Zitat gleichrangig neben dem Nutzen der Fahrzeuge und dem der Schrifttechnik. In diesem Zitat erscheint der Techniker, Handwerker oder menschliche Schöpfer in der Tat als derjenige, der einem Magier gleicht, der Menschen Glück und Wohlbefinden bringt. Interessant ist in diesem Zusammenhang der Vergleich des obigen Zitats mit einem verblüffend ähnlichen Zitat von Kenneth Alpern aus dem 20. Jahrhundert, in dem aber bereits eine ironische Technikkritik mitschwingt: »Es gibt eine Vorstellung vom Ingenieur, die bis vor kurzem sehr verbreitet war. In dieser Vorstellung erscheint der Ingenieur als Zauberer. Wenn Menschen einsam sind, erfinden die Ingenieure Telefone, Autos und Flugzeuge, um sie einander näher zu bringen. Wenn Menschen

## 3 Kennzeichen technischer Handlungen

Hunger haben, produzieren Ingenieure Mähdrescher, Düngemittel und Pestizide, um ihnen zu essen zu geben. Wenn es Menschen an Behaglichkeit fehlt, entwickeln die Ingenieure Heizungen, Klimaanlagen und Schaumstoffe, um ihnen Komfort zu verschaffen. Wenn sich Menschen langweilen, erfinden die Ingenieure Kino, Fernsehen und Videospiele, um sie zu unterhalten. Kurz: Immer wenn Menschen ein Problem haben, werden es Ingenieure lösen« (Alpern 1993). Sowohl beim Zitat von Cusanus als auch bei dem von Alpern fällt einem vielleicht der folgende unter Handwerkern, Ingenieuren und Technikern bekannte Slogan ein: ›Schwieriges erledigen wir sofort; Unmögliches dauert etwas länger.‹

Besonders viele Beispiele der Nützlichkeit, hauptsächlich für die aufstrebenden instrumentengestützten Naturwissenschaften, finden sich im Dialog *Idiota de staticis experimentis*. Eines davon ist das Auffinden des Mischungsverhältnisses von Metallen mittels einer Waage ohne vorgehendes Schmelzen: »So würde man also ohne Schmelzen der Masse und Trennung der Metalle ihre Mischung herausfinden. Eine solche Erfindung wäre wichtig, um beim Gold zu wissen, wieviel Kupfer dem Gold oder Silber beigemischt wäre. Laie: Sehr gut. Es wäre auch von großem Nutzen bezüglich der verworrenen Werke der Alchimie zu wissen, wie fern sie der Wahrheit sind« (NvK *staticis experimentis*, n. 171). Dieses Zitat drückt bereits ein sehr modernes Verhältnis von Technik und Wissenschaft aus. Denn die schöpferische, menschliche Kunst des Hervorbringens von Werkzeugen und Messinstrumenten - in der Moderne ist dies eine primäre Aufgabe der Technik - nützt nicht nur dem Alltagsleben, sondern auch der Wissenschaft und ihrem Ziel, der Erkenntnis der Wahrheit näher zu kommen. Aufschlussreich, aber im Hinblick auf ihre Bedeutung für die Gegenwart noch nicht näher philosophisch untersucht, sind auch die in diesem Werk vorgestellten, allein mit der Waage ausgeführten medizinischen Experimente. Eine primär medizinhistorische Untersuchung des cusanischen Werks geben beispielsweise Müller 2003, Fischer 1940 und Lehne 1957. Als weiteres Beispiel seien hier noch die »Meßinstrumente für die Himmelsbewegungen, die aus dem menschlichen Geist hervorgehen« genannt (NvK *de mente*, c. XV, n. 157). Die gegenseitige Befruchtung technikgestützter Experimente und Wissenschaften, die Cusanus hier beschreibt, gehört heute zum Forschungsalltag. Zur Zeit von Cusanus kommt diese Verbindung von Technik, handwerklicher Kunst und Wissenschaft jedoch einem Paradigmenwechsel gleich. Naturwissenschaftliche Forschung mittels technikbasierter und instrumentengestützter Experimente ist in seiner Zeit etwas völlig Neues und markiert deutlich das Ende des Mittelalters, das wissenschaftlich auf die Scholastik und damit auf die Suche nach der Wahrheit in den heiligen Schriften begrenzt war.[2] In der Renaissance gewinnt die Naturforschung mittels Experimenten zunehmend an Bedeutung und mündet mit dem 16. Jahrhundert in die modernen empirischen Naturwissenschaften.

Zusammenfassend kann somit als ein Ergebnis formuliert werden, dass der Nutzen ein wesentlicher Aspekt der Technik bei Cusanus ist, der aber noch nicht in Frage gestellt wird, während er heute bei vielen technischen Produkten angezweifelt und problematisiert wird. Der Aspekt des Nutzens ist allerdings im Sinne des cusanischen Technikverständnisses, wie in den folgenden Abschnitten begründet wird, gegenüber den weiteren Aspekten der Technik, insbesondere gegenüber dem schöpferischen, kreativen und symbolischen Aspekt, zweitrangig.

### 3.2 Das Schöpferische der Technik

Technik ist eine menschliche Kunst (ars humana) und damit, wie bereits oben begründet wurde, eine Handlung. Im Falle des Löffelschnitzers im Werk *Idiota de mente* ist diese Kunst ein *Hand*werk, was nichts weiter besagt, als dass die dazugehörige Tätigkeit oder *Hand*lung mit den *Händen* und mittels eines *hand*geführten Instruments, dem Schnitzmesser, verrichtet wird. Cusanus behauptet, dass alle menschlichen Künste gewisse Abbilder der göttlichen Kunst sind, also auch die *Hand*werkskunst, wie die Kunst des Löffelschnitzens, die Kunst des Technikers und folglich die Kunst des Ingenieurs des 21. Jahrhunderts. »Und jetzt wende ich mich dieser Kunst des Löffelschnitzens zu. Und zuerst wisse, daß ich ohne Zögern behaupte, alle menschlichen Künste sind gewisse Abbilder der unendlichen und göttlichen Kunst« (NvK *de mente*, c. II, n. 59). Unter der göttlichen Kunst ist hier die Schöpfungskunst Gottes zu verstehen, also seine Kunst, real Seiendes und damit die Welt zu schaffen. Wenn nun alle menschliche Kunst dieser göttlichen Kunst ähnlich ist, dann ist auch der Mensch,

---

[2] Die naturwissenschaftlichen Leistungen des Cusanus werden u.a. reflektiert in: Reinhardt & Schwaetzer 2003, Schneider 1992 und Nagel 1984, die mathematischen in: Reiss 2016.

## 3 Kennzeichen technischer Handlungen

ebenso wie Gott, ein Schöpfer. Er ist eine Art zweiter Gott. In diesem Sinne kann Cusanus behaupten und begründen ›[...] der Mensch sei ein zweiter Gott. Denn wie Gott Schöpfer der realen Seienden und natürlichen Formen ist, so ist der Mensch Schöpfer der Verstandesseienden und der künstlichen Formen, die lediglich Ähnlichkeiten seiner [menschlichen; jhf] Vernunft sind, so wie die Geschöpfe Ähnlichkeiten der göttlichen Vernunft sind. Also hat der Mensch die Vernunft, die im Erschaffen Ähnlichkeit der göttlichen Vernunft ist‹ (NvK *de beryllo*, c. VI, n. 7).

Die göttliche Kunst ist das Urbild, die menschliche ihr Abbild. Oder platonisch paraphrasiert: Die menschliche Kunst ist nicht identisch der göttlichen, sie hat aber an ihr Teil. So auch Cusanus: ›Die Schöpfungskunst, die die glückselige Seele erlangen wird, ist nicht jene Kunst durch Wesenheit, welche Gott ist, sondern Gemeinschaft und Teilhabe an dieser Kunst‹ (NvK *ludo globi*, liber II, n. 102). Es besteht somit keine Gleichheit, sondern Ähnlichkeit. Während der menschliche Geist Schöpfer der künstlichen Dinge ist, so ist der unendliche, göttliche Geist Schöpfer aller natürlichen Dinge. Sowohl Gott als auch der Mensch schaffen etwas Neues. Auch hierin besteht eine Ähnlichkeit. Die Schöpfung von Neuem wird bereits am einfachen Beispiel des Löffels ersichtlich: ›Der Löffel hat außer der von unserem Geist geschaffenen Idee kein anderes Urbild. Denn wenn auch ein Bildhauer oder ein Maler die Urbilder von den Dingen hernimmt, die nachzuahmen er sich müht, so tue ich das doch nicht, der ich aus Hölzern Löffel und Schalen und Töpfe aus Ton hervorbringe. Dabei ahme ich nämlich nicht die Gestalt irgendeines Naturdinges nach. Solche Formen von Löffeln, Schalen und Töpfen kommen nämlich nur durch menschliche Kunst zustande. Daher besteht meine Kunst mehr im Zustandebringen als im Nachahmen geschöpflicher Gestalten und ist darin der unendlichen Kunst ähnlicher‹ (NvK *de mente*, c. II, n. 62). Deutlich wird in diesem Zitat erneut die Urbild-Abbild-These. So wie im Geist Gottes das Urbild von allem real Seienden existiert, so sind im Geist des Menschen die Urbilder aller seiner Schöpfungen, ergo aller seiner Erfindungen, wie beispielsweise das geistige Urbild des Löffels. Als weiteres Beispiel seien hier erneut die bereits zitierten ›Meßinstrumente für die Himmelsbewegungen, die aus dem menschlichen Geist hervorgehen‹ (a.a.O. c. XV, n. 157) genannt, die für die aufstrebenden technikbasierten Naturwissenschaften der Renaissance von paradigmatischer Bedeutung sind.

Auch sie haben ihr Urbild im menschlichen Geist und sind ergo gleichfalls genuine Schöpfungen oder Erfindungen des Menschen.

Das Urbild-Abbild-Verhältnis besteht auch zwischen dem göttlichen Geist und dem menschlichen Geist, denn der menschliche Geist ist als Schöpfungsprodukt Gottes ein Abbild des göttlichen Geistes. Somit haben wir eine zumindest dreifache Urbild-Abbild-Relation:

(i) Der menschliche Geist ist Abbild des göttlichen Geistes. Daher ist die menschliche Schöpfungskunst ein Abbild des göttlichen Schöpfungsaktes.
(ii) Die Schöpfung Gottes ist Abbild des Urbildes im Geiste Gottes.
(iii) Die Schöpfungsprodukte des Menschen sind Abbilder ihrer Urbilder im menschlichen Geist.

Zusammenfassend kann damit das Schöpferische als ein weiteres Wesensmerkmal des cusanischen Technikbegriffes aufgeführt werden.

### 3.3 Die Kreativität und Freiheit des technischen Handelns

Der menschliche Geist ist, so begründet Cusanus, Abbild des göttlichen Geistes. Dieses Abbild ist aber kein statisches, sondern ein dynamisches oder lebendiges (imago dei viva). Aufgrund dessen kann der Mensch in ähnlicher Weise schöpferisch tätig sein, wie Gott. Lebendiges Abbild bedeutet aber vor allem, dass der Mensch in seinen Handlungen im Allgemeinen und in seinen schöpferischen oder technischen Handlungen im Besonderen frei ist. »Darum heißt, tätig zu sein gemäß dem Intellekt, in Freiheit zu sein« (NvK *Sermo* CLXIX, n. 2).

Freiheit im Handeln gründet in der Freiheit der Entscheidung für eine bestimmte Handlungsoption und somit in der Freiheit zu wählen: »Und weil Du [Gott; jhf] dies in meine Freiheit gelegt hast, zwingst Du mich nicht, sondern erwartest, daß ich wähle, mir selbst zu eigen zu sein« (NvK *visione Dei*, c. VII, n. 25). Es ist somit eine Freiheit, die dem Menschen, so die theologische Begründung durch Cusanus, durch Gott, der die Freiheit selbst ist, gegeben wurde: »Aber gerade weil wir Deine Kinder sind, Vater, der Du die Freiheit selbst bist, läßt Du uns wegen der uns geschenkten Freiheit gleichwohl weggehen [...]« (a.a.O. n. 28).

## 3 Kennzeichen technischer Handlungen

Die Freiheit zu wählen und zu entscheiden ist eine Freiheit entweder dieses oder jenes zu wollen. »Ein jeder Mensch hat nämlich die freie Entscheidung, d.h. zu wollen und nicht zu wollen« (NvK *ludo globi*, liber I, n. 58). Diese Freiheit ermöglicht dem schöpferisch tätigen Menschen künstliche Produkte zu schaffen, die kein anderer schafft, »weil jeder Mensch frei ist, nachzudenken über was immer er wollen mag, entsprechend zu überlegen und zu beschließen« (a.a.O. n. 34). Er hat die »freie Fähigkeit zum Entwerfen« (a.a.O. n. 44). Die Freiheit der Entscheidung für oder wider eine Handlungsoption (Handlungsfreiheit) setzt die Willensfreiheit oder den freien Willen voraus, dessen Kraft (Willenskraft), so die theologische Interpretation von Cusanus, der Mensch gleichfalls von Gott erhält. Es ist die Freiheit des Willens und somit die menschliche Freiheit dieses oder jenes zu wollen oder nicht zu wollen, die im cusanischen Sinne das freie, schöpferische und kreative Handeln allererst ermöglicht und die Gottähnlichkeit des Menschen begründet. »Diese Kraft, die ich von Dir erhalten habe und in der ich ein ‹lebendiges Bild› (vivam imaginem) der Kraft deiner Allmacht besitze, ist der freie Wille« (NvK *visione Dei*, c. IV, n. 11). Als lebendiges Abbild besitzt der menschliche Geist folglich die Kraft zu urteilen und frei zu entscheiden, also zwei Fähigkeiten, die auch bei technischen Handlungen, wie der Erfindung von Neuem, von maßgebender Bedeutung sind. Die cusanische These, dass alle menschlichen Handlungen auf Freiheit gründen und demzufolge auch alle technischen Handlungen und die mit diesen verknüpften Entscheidungen, weist erneut auf die Aktualität seines Technikbegriffes hin. Denn diese These greift unmittelbar in eine aktuelle Frage der Technikdebatte ein, ob nämlich technische Handlungen quasi naturgesetzlich-determiniert einem Automatismus gehorchen und somit wertfrei sind oder ob sie ebenso wie Alltagshandlungen Wertmaßstäben unterliegen, wie immer auch diese Wertmaßstäbe begründet sein mögen (siehe unten).

Die Freiheit des Menschen zum Handeln und Entscheiden wird von Cusanus in seinem Gesamtwerk immer wieder betont. Die beiden folgenden kurzen Zitate geben hierzu ein weiteres Beispiel: »Jener Urgrund [Gott; jhf] aber, da er als Urgrund, vor dem es keinen weiteren Urgrund gibt, nicht von einem anderen bestimmt wurde, war und ist frei, zu schaffen und nicht zu schaffen, wie auch die vernunftbegabte Natur [der Mensch; jhf] in ihrer Tätigkeit frei ist« (NvK *cribratio alkorani* II, n. 90). »Es ist jedoch nicht zu vernachlässigen, dass die Willensfreiheit im Geist ist, damit der Geist in sich das Prinzip seiner Handlungen hat und seine Werke beherrscht [...]. Er besitzt die Freiheit, weil er als Abbild Gottes geschaffen ist« (NvK *Sermo* CCLI, n. 15).³ Beide Zitate bestätigen, dass der Grund der menschlichen Freiheit in puncto seiner Tätigkeiten und seines Schaffens in der Freiheit Gottes liegt. Im zweiten Zitat kann zwischen den Zeilen bereits das Problem der Verantwortung des menschlichen Schöpfers bezüglich seiner Werke herausgelesen werden, obgleich Cusanus die Verantwortungsproblematik technischer Handlungen noch nicht thematisiert. Es wird aber deutlich, dass Cusanus in die Freiheit des Menschen, z.B. beim Hervorbringen neuer Produkte oder Werke, auch die Beherrschung dieser Werke einbindet.

Die Lebendigkeit des menschlichen Geistes als Abbild des lebendigen Geistes Gottes gibt dem Menschen die Freiheit schöpferisch tätig zu werden. Die Freiheit zur Schöpfung (creatio) ist gleichbedeutend mit der Freiheit zur Kreativität. Schöpferisch tätig sein bedeutet somit kreativ zu sein. In dieser freien schöpferischen, kreativen Tätigkeit gründet nach Cusanus die Gottähnlichkeit des Menschen. Dass der Mensch Gott nur *ähnlich* ist, impliziert, dass seine Schöpfungen nicht die Genauigkeit haben können wie die Werke Gottes. Die vollkommene Genauigkeit gibt es nach Cusanus nur bei Gott. Menschliche Schöpfungen zeigen daher notwendig Ungenauigkeiten. Unerwünschte und zum Teil katastrophale Technikfolgen, wie sie heute vielfältig bekannt sind, finden hierin ihren philosophisch-theologischen Grund (Abs. 4).

Die Freiheit des Menschen ist *die* Grundvoraussetzung für sein schöpferisches, kreatives Handeln. Sie ist, in der Begrifflichkeit Kants gesprochen, die Bedingung zur Möglichkeit schöpferischer, kreativer Kunst. Sie ist somit ihre transzendentale Bedingung. Sie ist aber auch gleichermaßen Bedingung zur Möglichkeit des Missbrauchs dieser Kunst, was allerdings durch Cusanus, als Kind seiner Zeit, noch nicht problematisiert wird. Cusanus erkennt bereits, dass die durch Gott gegebene Freiheit dem Menschen zwar die Möglichkeit gibt, seinen technischen Handlungen und Werken

---

³ Auf diese Zitate wurde ich durch einen von Isabelle Mandrella erstellten Reader aufmerksam, der dem Arbeitskreis *Praktische Philosophie* der *Gesellschaft für Philosophie des Mittelalters und der Renaissance* als Grundlage zur Auseinandersetzung mit dem Thema *Die praktische Philosophie des Nicolaus Cusanus* diente. Diese Auseinandersetzung wurde im Rahmen eines von Mandrella organisierten und moderierten Arbeitskreistreffens in Bernkastel-Kues am 17./18. März 2011 geführt.

adäquate Grenzen zu setzen, aber auch die Möglichkeit, diese Grenzen zu übersteigen und folglich alles zu schaffen was er nur will. »Der menschliche Geist, der ein Bild des absoluten Geistes ist, setzt in seiner menschlichen Freiheit allen Dingen in seinem Denken Grenzen, weil der Geist mit seinen Begriffen alles ausmißt. Er setzt eine Grenze für die Linien, macht sie lang oder kurz, und setzt so viele Begrenzungspunkte in ihnen, wie er will. Und was immer er sich vornimmt zu tun, das umgrenzt er zunächst in sich und ist die Begrenzung aller seiner Werke. Alles, was er schafft, begrenzt ihn dabei nicht in seiner Möglichkeit, noch mehr zu schaffen. Er ist in seiner Weise eine Grenze ohne Grenze«. (NvK *venatione sapientiae*, c. XXVIII, n. 82).

Zusammenfassend folgt, dass Freiheit und Kreativität zwei essentielle Prädikate des cusanischen Verständnisses von Technik sind. Der Freiheitsbegriff von Cusanus schließt dabei sowohl die „Freiheit *für* ..." als auch die „Freiheit *von* ..." ein und somit die Freiheit *für* bestimmte Handlungsoptionen (Handlungsfreiheit) und die Freiheit *von* naturgesetzlicher Determiniertheit (Willensfreiheit).

### 3.4 Technik als Erfindung

Technische Handlungen im Sinne der ars humana zeichnen sich bei Cusanus durch das schöpferische Hervorbringen von Neuem aus. Dieses Neue entsteht zunächst als Idee oder Urbild im menschlichen Geist. Anschließend folgt die Willensentscheidung oder der Beschluss, diese Idee sinnenfällig zu machen. Dies geschieht im dritten und letzten Schritt durch eine physikalische Handlung, wie beispielsweise die Bewegung des Schnitzmessers, um einem Stück Holz die Form des Löffels zu verleihen. Alle drei Schritte bilden einen gemeinsamen Prozess oder eine einheitliche Handlung, die sich aus einer mentalen Aktivität und einer physikalischen Handlung zusammensetzt (vgl. Abs. 2). Der mentale Akt des Ausdenkens der Idee, des Urbildes oder der Form bezeichnet Cusanus als Erfinden, was durchaus dem heutigen Sprachgebrauch gleichkommt. Die Erfindung von Neuem (inventio novi) ist aber bei Cusanus nicht auf die Erfindung von künstlichen Formen oder Artefakten begrenzt, sondern schließt die Erfindung neuer Künste und Wissenschaften und damit die Erfindung von Theorien, Mutmaßungen und Begriffen ein. In diesem Sinne sind die Mathematik, die Medizin aber auch die Ethik Erfindungen des Menschen, innerhalb dessen weitere Erfindungen möglich sind. Der Mensch erfindet somit Produkte *und* Wissenschaften, also Materielles *und* Geistiges (vgl. NvK *ludo globi*, liber I n. 28 und liber II n. 93). Im Fokus dieses Kapitels stehen jedoch die technischen Künste, deren Leistung das Erfinden und Hervorbringen neuer technischer Produkte oder Artefakte ist.

Die Erfindung neuer technischer Produkte, wozu auch die Erfindung eines neuen Spiels und seiner Regeln gehört, ist folglich nach Cusanus ein zunächst rein geistiger Prozess, der im Nachdenken, Überlegen und Beschließen besteht. ›Denn als ich dieses Spiel erfand, dachte ich nach, überlegte und beschloß ich, was ein anderer nicht ausdachte, überlegte und beschloß, weil jeder Mensch frei ist, nachzudenken über was immer er wollen mag, entsprechend zu überlegen und zu beschließen. Deshalb denken nicht alle sich dasselbe aus, da jedermann seinen eigenen freien Geist hat‹ (NvK *ludo globi*, liber I, n. 34). Vergleicht man diese cusanischen Überlegungen mit modernen handlungs- und geistesphilosophischen Überlegungen, so erweist sich sein Ansatz erneut als erstaunlich aktuell, obgleich eine heute besonders strittig diskutierte Frage ihm wohl noch nicht bewusst war: Wie vermag etwas rein Geistiges, wie das Ausdenken, Überlegen und Beschließen, etwas Physikalisches zu bewirken, nämlich die sinnenfällige Handlung oder die sinnenfällige Herstellung eines Werkes? Auch die Begrifflichkeit ist in der Gegenwartsliteratur teilweise eine andere. Statt Ausdenken, Überlegen und Beschließen werden heute vielfach die handlungs- und geistesphilosophischen Begriffe Denken, Absicht und Wille verwendet.

Der geistige Vorgang des Erfindens beginnt mit einem Ausdenken oder Bilden von Ideen oder Urbildern. Dieses Bilden fasst Cusanus selbst wieder als eine Kunst auf. ›Der Geist nämlich, der in sich selbst die freie Fähigkeit besitzt, Grundgedanken zu fassen, hat in sich die Kunst gefunden, die Grundgedanken auszubreiten. Diese Kunst heiße nun Meisterschaft des Bildens. Sie ist den Töpfern, den Bildhauern, den Malern, den Drehern, den Schmieden, Webern und ähnlichen Künstlern eigen‹ (a.a.O. n. 44).

Die beiden obigen Zitate verdeutlichen erneut den gewichtigen Aspekt der Freiheit. Der Mensch ist in seinem Akt der Erfindung und damit des Bildens von Gedanken, die zu Ideen und Urbildern führen, frei. Daher, so folgert Cusanus korrekt, ›denken nicht alle sich dasselbe aus‹ (a.a.O. n. 34). Hieraus folgt eine Konsequenz, die Cusanus noch nicht bedachte oder ihm aufgrund seiner philosophisch-theologischen

## 3 Kennzeichen technischer Handlungen

Zielsetzung nicht bedenkenswürdig erschien und die erst vierhundert Jahre später mit der Industrialisierung ins Blickfeld rückte, nämlich dass Erfindungen einerseits untereinander in Konkurrenz und im Wettbewerb stehen und andererseits wirtschaftlichen und politischen Interessen unterworfen sind. Dass es sich beim geistigen Akt des Erfindens in der Tat um die Erfindung von etwas Neuem handelt und nicht bloß um Nachahmung von bereits Vorhandenem, wird im folgenden Zitat deutlich.

»Der Löffel hat außer der von unserem Geist geschaffenen Idee kein anderes Urbild. Denn wenn auch ein Bildhauer oder ein Maler die Urbilder von den Dingen hernimmt, die nachzuahmen er sich muht, so tue ich das doch nicht, der ich aus Hölzern Löffel und Schalen und Töpfe aus Ton hervorbringe. Dabei ahme ich nämlich nicht die Gestalt irgendeines Naturdinges nach. Solche Formen von Löffeln, Schalen und Töpfen kommen nämlich nur durch menschliche Kunst zustande. Daher besteht meine Kunst mehr im Zustandebringen als im Nachahmen geschöpflicher Gestalten und ist darin der unendlichen Kunst ähnlicher« (NvK *de mente*, c. II, n. 62).

Die Idee in unserem Geist ist das Urbild unseres Schöpfungs- oder Kunstproduktes und zwar eines Produktes, das es in der Natur so noch nicht gibt. So wurzeln nicht nur die Idee des Löffels, sondern auch die Urbilder der vielfältigen Instrumente, mit denen der Mensch sich messend der Erkenntnis der Natur nähert, ausschließlich im menschlichen Geist. Denn die »Erfinder schufen dies auch nicht aus etwas Äußerlichem, sondern aus dem eigenen Geist. Im sinnlichen Stoff entfalteten sie ihren Gedankenentwurf« (NvK *ludo globi*, liber II, n. 94). Die menschliche Schöpfungskunst bringt folglich etwas Neues hervor und ahmt die Natur nicht bloß nach, wie beispielsweise Maler oder Bildhauer, die bereits Platon mit dem Urteil kritisierte, dass sie nur Nachahmungen von Nachahmungen bilden, da bereits die Naturdinge nur Nachahmungen oder Abbilder der göttlichen Ideen sind. Maler und Bildhauer sind folglich noch eine Stufe weiter von der Wahrheit oder der Idee entfernt, als diejenigen, die in den Naturdingen nach der Wahrheit suchen. Im ähnlichen Sinne ist bei Cusanus die menschliche Kunst, die aus Ideen etwas Neues hervorbringt, der unendlichen Kunst Gottes näher, als die bloße Nachahmung der göttlichen Schöpfungsprodukte durch die Bildhauer und Maler. Der schöpferisch und erfinderisch tätige Mensch erweist sich somit auch hier als eine Art zweiter Gott.

Kapitel II   Ars humana: Eine cusanische Philosophie der Technik

Zusammenfassend ist somit der Aspekt der Erfindung von Neuem gleichfalls ein Wesensmerkmal des cusanischen Technikverständnisses und zwar ein Aspekt, der insbesondere den geistigen Prozessanteil der Hervorbringung neuer Artefakte betont.

### 3.5 Die Symbolik der Technik

Die primäre Bedeutung der Technik im modernen Sinne ist die ihr zugeschriebene Nützlichkeit in Bezug auf das menschliche Leben und vielleicht mehr noch in puncto des Wachstums der Wirtschaft. Technik erleichtert das Leben des Menschen und ermöglicht ihm einen gewissen Lebensstandard und Wohlstand. Dass diese Nützlichkeitsbehauptung nicht mehr allgemein zutreffend ist, ist heute hinlänglich bekannt und zudem von der Beantwortung einer Reihe von Fragen abhängig, beispielsweise was Nützlichkeit ist, worauf die Nützlichkeit für den Menschen gründet, nach welchen Kriterien sie beurteilt werden kann, wie diese Kriterien wiederum begründet sind, wonach sich der Lebensstandard bemisst und so fort. Nützlichkeit ist im 21. Jahrhundert kein allgemeines Merkmal von Technik mehr, sondern ein partikuläres.

Zur Zeit von Cusanus waren die heute allgegenwärtigen, unerwünschten Technikfolgen, die ebenso zur Technik gehören, wie der ihr zugeschriebene Nutzen, noch nicht in dem Ausmaße bekannt, wie sie heute allgegenwärtig sind. Es gab sicherlich schon technikbedingte Schiffuntergänge, Unfälle mit den von Cusanus genannten Fahrzeugen und auch Verletzungen im Umgang mit Technik. Es ist auch nicht auszuschließen, dass der cusanische Löffelschnitzer im Werk *Idiota de mente*, trotz seiner brillanten handwerklichen Fähigkeiten, sich hin und wieder mit seinem Schnitzwerkzeug, das gleichfalls eine Erfindung des Menschen ist, in den Finger ritzte. Technikkatastrophen, wie sie seit der Industrialisierung bekannt sind, gab es im Zeitalter des Cusanus allerdings noch nicht.[4] Cusanus war vom Nutzen der Technik überzeugt und zwar nicht nur für friedliche Zwecke, sondern auch in Form der

---

[4] Hier nur einige wenige Beispiele zur Erinnerung: Untergang der Titanic (1912), Explosion der Hindenburg (1937), Chemieunfall in Bitterfeld (1968), Brückeneinsturz in Koblenz (1971), Chemieunfall in Bhopal (1984), Explosion der Challenger (1986), Reaktorunglück von Tschernobyl (1986), Unglück bei Flugvorführung in Ramstein (1988), Untergang der Estonia (1994), ICE-Unglück bei Eschede (1998), Brand im Mont-Blanc-Tunnel (1999), Absturz der Concorde auf dem Pariser Flughafen Charles de Gaulle (2000), Reaktorunglück in Fukishima (2011).

## 3 Kennzeichen technischer Handlungen

»Verteidigung mit Waffen« (NvK *compendium*, c. VI, n. 18). Doch sind für ihn sowohl die Nützlichkeit von Technik als auch die anderen in den bisherigen Abschnitten abgeleiteten Merkmale von Technik nebensächlich. Denn der eigentliche Nutzen der Technik liegt nach Cusanus nicht im Hervorbringen künstlicher Formen oder technischer Artefakte, die dem Menschen und seiner Verteidigung dienlich sind, sondern in ihrer Symbolik. Es ist ein Wesensmerkmal von Technik, das dem heutigen, modernen Technikverständnis völlig fremd ist. Es bedarf daher einer zumindest kurzen Erläuterung.

Nach Cusanus hat Gott die Welt so geschaffen, dass der Mensch in ihr offenbarte Zeichen erkennen kann, um davon ausgehend den Weg zur Erkenntnis oder zur geistigen Schau Gottes zu beschreiten. Dieser Weg beginnt mit der Wahrnehmung der offenbarten, natürlichen Zeichen mittels der Sinne (sensus), geht weiter über den Verstand (ratio), der diese Zeichen vergleicht und ordnet, und die urteilende Vernunft (intellectus) hin zur nichtbegrifflichen geistigen Schau Gottes (visione Dei). Dieser mögliche Aufstieg des Menschen zur Schau Gottes wird im Werk von Cusanus immer wieder aufs Neue und aus jeweils unterschiedlichen Perspektiven philosophisch-theologisch reflektiert. Ihn in der hier gewählten Kürze wiederzugeben ist zweifellos ungebührend, aber für die Zielsetzung dieses Kapitels - nämlich die Analyse des cusanischen Technikbegriffs und darauf aufbauend die Konstruktion und Begründung einer cusanischen Philosophie der Technik - völlig hinreichend. Hinsichtlich seiner philosophisch-theologischen Auseinandersetzung sei hier auf die bereits außerordentlich umfangreiche Forschungsliteratur verwiesen.

Cusanus selbst verwendet in seinem Werk ebenfalls Zeichen, Gleichnisse oder Symbole, um zu demonstrieren, wie der Mensch ausgehend von diesen in der Stufenfolge *sensus - ratio - intellectus - deus* zur nichtbegrifflichen Schau Gottes gelangen kann. Cusanus bedient sich bevorzugt mathematischer Symbole oder Zeichen, da diese vom menschlichen Verstand selbst gebildet werden und von denen folglich der Mensch eine genauere Erkenntnis hat als von den sinnenfälligen natürlichen Zeichen. Der Weg zu Gott über die Mathematik überspringt somit die Stufe der Sinne und beginnt bereits mit der Stufe des Verstandes. »Da uns zu den göttlichen Dingen nur der Zugang durch Symbole als Weg offensteht, so ist es recht passend, wenn wir uns

## Kapitel II  Ars humana: Eine cusanische Philosophie der Technik

wegen ihrer unverrückbaren Sicherheit mathematischer Symbole bedienen« (NvK *docta ignorantia*, liber I, c. XI, n. 32, siehe auch c. XII, n. 33). Andere Symbole, die Cusanus in seinem Werk zur Demonstration des Aufstiegs zur Schau Gottes heranzieht, sind zum Beispiel der Beryll im gleichnamigen Werk *De beryllo*, das Kugelspiel im Werk *Dialogus de ludo globi* oder die von einem Kosmographen erstellte Karte im *Compendium*. Cusanus bezeichnet diese Ausgangspunkte nicht immer als Symbol, sondern auch als Gleichnis, Mittel oder Beispiel.[5] Sie alle »wollen nur als Anleitung verstanden sein, deren richtige Anwendung im Übersteigen liegt, das die Anschaulichkeit hinter sich läßt und den Leser freimacht zum Aufstieg zur einfachen geistigen Schau« (a.a.O. liber I, c. II, n. 8). Auch die Technik ist als ars humana ein solches Symbol. Denn sobald der Mensch technisch, künstlerisch und schöpferisch tätig wird, wird er sich als Ebenbild Gottes bewusst und kann seinen stufenweisen Aufstieg hin zur Schau Gottes beginnen. Der Löffelschnitzer im Werk *Idiota de mente* ist ein solcher Mensch. Er hat die Symbolik seiner Kunst des Löffelschnitzens erkannt und erläutert nun als wahrer Weiser einem bloß durch Bücher gebildeten Philosophen, wie man ausgehend vom Löffelschnitzen schrittweise zur Wahrheit und somit zu Gott fortschreiten kann. »Laie: Ich will Beispiele mit Symbolcharakter anwenden, die aus der Kunst des Löffelschnitzens genommen sind, damit das, was ich sagen will, anschaulicher werde« (NvK *de mente*, c. II, n. 61 und n. 62).[6] Wie der vom Löffelschnitzen ausgehende Aufstieg zur Schau Gottes verläuft, ist aus technikphilosophischer Sicht nebensächlich. In dieser Hinsicht ist vielmehr das folgende Ergebnis relevant: Technik ist im Sinne von Cusanus symbolisch. Dieses Wesensmerkmal von Technik ist für Cusanus sicherlich das bedeutendste. Während das Merkmal der Nützlichkeit bloß nach unten führt - das vom menschlichen Geist erdachte Urbild eines Löffels wird in einen sinnenfälligen, materiellen Löffel überführt - führt das der Symbolik nach oben, nämlich von der Bewegung des Schnitzmessers über die mentalen Akte des Verstandes und der Vernunft zur geistigen Schau Gottes. Diese beiden in zwei unter-

---

[5]  Z.B. im *Dialogus de ludo globi*, liber I, n. 44 und n. 45 (Gleichnis, Mittel, Beispiel), *Compendium*, c. VIII, n. 22 und n. 23 (Gleichnis), *De docta ignorantia*, liber I, c. XII, n. 33 (Beispiel, Symbol).

[6]  Renate Steiger übers. wie folgt: »Laie: Ich will also aus dieser Löffelschnitzkunst symbolische Beispiele beibringen, damit sinnenfälliger wird, was ich sagen will.«

schiedliche Richtungen verlaufenden Wege können treffend als *Technik nach unten* und *Technik nach oben* tituliert werden.[7] Bei Cusanus stehen sie zumeist in einem engen Zusammenhang, wie beispielsweise im folgenden Zitat: »Darüber hinaus zieht die Verstandeskraft aus allen diesen sinnenfälligen Erkenntnisbildern die Erkenntnisbilder der verschiedenen Künste hervor. Durch sie schafft der Mensch einen Ausgleich für die Mängel in seiner Sinneswahrnehmung und an seinen Gliedmaßen und für Krankheiten [nützlicher Aspekt der Technik; jhf]. Und mit ihrer Hilfe wird er fähig, den schädlichen körperlichen Einwirkungen Widerstand zu leisten, die Unwissenheit und die Trägheit des Geistes zu beseitigen und ihn zu fordern, daß er Fortschritte mache und der Mensch ein Betrachter des Göttlichen werde [symbolischer Aspekt der Technik; jhf]« (NvK *compendium*, c. VI, n. 17). Der hier aufgeführte Ausgleich an Mängeln in den Gliedmaßen erinnert an Gehlens Deutung der Technik als Organverlängerung, also als Mittel zur Steigerung menschlicher Kräfte.

Zusammenfassend ist somit festzuhalten, dass die Symbolik nicht nur ein weiteres essentielles Merkmal des cusanischen Technikbegriffes ist, sondern dass sie das über alle anderen Merkmale herausragende Technikprädikat ist, da sie den Aufstieg zur Schau Gottes ermöglicht.

### 3.6 Zwischenfazit

Der cusanische Begriff der Technik ist umfangreicher als der Technikbegriff im heutigen, modernen Sinne, der vornehmlich auf den Aspekt der Nützlichkeit reduziert ist. Neben der Nützlichkeit betont der cusanische Begriff der Technik auch das Schöpferische, Erfinderische und Kreative. Cusanus begreift Technik zudem als eine menschliche Kunst (ars humana) und damit als eine menschliche Handlung, die nicht naturgesetzlich, sondern in Freiheit ausgeführt wird (vgl. Abs. 4.1). Während das Schöpferische, Erfinderische und Kreative im heutigen Technikverständnis zum Zwecke des Nutzens für das menschliche Leben und das Wirtschaftswachstum instrumentalisiert werden und somit im Schatten der Nützlichkeit stehen, sind diese

---

[7] Die beiden Bezeichnungen *Technik nach unten* und *Technik nach oben* habe ich einem Vortrag von Harald Schwaetzer zum Thema *Die Bedeutung der Malerei für das Technikverständnis des Nikolaus von Kues* entnommen, den er im Rahmen des Arbeitskreises *Philosophie und Technik* am 1. April 2011 in der *Kueser Akademie für Europäische Geistesgeschichte* in Bernkastel-Kues hielt.

Kapitel II Ars humana: Eine cusanische Philosophie der Technik

Technikaspekte bei Cusanus im weitesten Sinne gleichgewichtig. Dies gilt jedoch nicht für den Aspekt der Symbolik. Denn in diesem Aspekt liegt nach Cusanus die primäre Bedeutung von Technik. Der Symbolcharakter der Technik rückt daher alle anderen Aspekte gleichfalls in den Schatten bzw. macht sie für die Symbolik dienstbar. Während also bei Cusanus das Schöpferische, Kreative und Erfinderische primär der Symbolik bzw. dem Aufstieg zur geistigen Schau Gottes dienen, stehen diese Aspekte im modernen Technikverständnis vor allem im Dienste der Nützlichkeit.

## 4 DIE BEDEUTUNG DES CUSANISCHEN TECHNIKBEGRIFFS FÜR DIE GEGENWART

Wird das technikphilosophische Ziel verfolgt, die Bedeutung des cusanischen Technikverständnisses und seiner Technikphilosophie[8] für die Gegenwart zu ergründen, so ist zwischen einer unmittelbaren und einer mittelbaren Gegenwartsbedeutung oder Aktualität zu differenzieren. Denn Cusanus begründet einerseits technikphilosophische Thesen, die bereits ohne Neuinterpretation und ohne Anpassung an die Moderne für die gegenwärtige Technikdebatte von Bedeutung sind. Hierzu gehört vor allem seine Begründung der Technik als Handlung (Abs. 4.1). Andererseits verteidigt Cusanus Thesen, die erst über Zwischenschritte, beispielsweise über folgerichtige Implikationen, ihre Bedeutung für die Gegenwart erlangen. Es sind Implikationen, die Cusanus entweder als Kind seiner Zeit noch nicht ziehen konnte oder für ihn aufgrund seiner philosophisch-theologischen Zielsetzung irrelevant waren. Hierzu gehört beispielsweise die Ableitung der Notwendigkeit unerwünschter Technikfolgen und damit der grundsätzlichen Unvermeidbarkeit dieser Folgen aus der durch Cusanus begründeten Unvollkommenheit und Endlichkeit des Menschseins (Abs. 4.2). Auch die im Abschnitt 4.2 vorgenommene Differenzierung der Gründe unerwünschter Technikfolgen leitet sich nicht unmittelbar, sondern allein

---

[8] Mit dem Etikett *cusanische Technikphilosophie* werden hier diejenigen cusanischen Thesen, Überlegungen und Gedanken versehen, die man aus heutiger Perspektive der Technikphilosophie zuordnet. Dieses Etikett wird also rückbezogen verliehen. Denn Cusanus hat kein technikphilosophisches Werk im heutigen Sinne geschrieben; er hat aber - zum Teil vielleicht unbeabsichtigt - Leistungen in einem Bereich erbracht, für den es zu seiner Zeit noch keinen Begriff gab, nämlich den der Technikphilosophie.

mittelbar über Folgerungen aus den cusanischen Thesen ab. Um die Aktualität und die Bedeutung der cusanischen Technikphilosophie für die Gegenwart zu ergründen, muss also mitunter über Cusanus hinausgedacht werden; seine Überlegungen sind fortzuschreiben. Der Begriff der Bedeutung wird im Folgenden im Sinne von „bedeuten *für*" verwendet und nicht im engeren begriffsanalytischen Sinne. Es geht somit in den nachfolgenden Abschnitten primär um die Frage, was bedeuten die technikphilosophischen Ergebnisse, die Cusanus zweifelsfrei gewonnen hat, *für* uns, die wir im 21. Jahrhundert leben. Was bedeuten sie *für* die aktuelle Technikdebatte, in der es nicht mehr primar um die ontologische Frage geht, was Technik ist, sondern um das Verhältnis Technik, Mensch und Gesellschaft im Allgemeinen, um nicht intendierte und unerwünschte Technikfolgen, um die damit verknüpfte Frage, wer diese Folgen gegenüber wem zu verantworten hat, und um die Moralität bzw. Moral technischer Handlungen im Besonderen (Kapitel III).

## 4.1 Technisches Handeln

Es gehört zu den herausragenden technikphilosophischen Leistungen von Cusanus, dass er die Technik oder die ars humana als eine Handlung begründet. Diese gliedert sich, wie oben gezeigt, in eine vorgängige geistige Aktivität und in eine nachfolgende physikalische Handlung, die beide zusammen einen zusammenhängenden Prozess und damit eine Einheit bilden, nämlich die Einheit der ars humana als eine Handlung oder Tätigkeit. Diese überraschend moderne Deutung der Technik als Vollzug oder Handlung (vgl. VDI 1991 S. 2) führt notwendig zu Implikationen, die Cusanus zwar noch nicht vollzogen hat, aber von eminenter Bedeutung für die aktuelle Technikdebatte sind. Denn mit der Begründung der Technik als Handlung wird, wie bereits oben erläutert, die Technik aus dem Raum der Ursachen in den Raum der Gründe verlegt.[9] Technische Handlungen gehorchen damit keinem naturgesetzlichen Automatismus oder Determinismus, sondern unterstehen ebenso wie Alltagshandlungen Regeln und Konventionen, seien diese nun von Menschen begründet oder durch Autoritäten wie den heiligen Schriften offenbart. Wenn die schöpferi-

---

[9] Die beiden Termini *Raum der Gründe* (space of reasons) und *Raum der Ursachen* (space of causes) sind von Wilfrid Sellars übernommen. Siehe u.a.: Scharp & Brandom 2007.

## Kapitel II  Ars humana: Eine cusanische Philosophie der Technik

sche, menschliche Kunst eine Handlung ist, dann gelten für sie Regeln, allen voran moralische Regeln. Zur Zeit von Cusanus gründeten moralische Regeln noch primär auf der Autorität Gottes und der heiligen Schrift. Die Verantwortung, die der Mensch für sein schöpferisches, kreatives Handeln trägt, ist somit primär eine Verantwortung vor Gott, beispielsweise über das göttliche Gebot der Nächstenliebe. Cusanus ist hier allerdings bereits moderner. Denn neben der mittelalterlichen, auf der Autorität Gottes gegründeten Moral, begründet er bereits eine Moralwissenschaft und somit eine Ethik, die als Wissenschaft eine geistige Erfindung des Menschen und somit ein geistiges Schöpfungsprodukt der ars humana ist. »Nam sine artibus mechanicis et liberalibus atque moralibus scientiis virtutibusque theologicis bene et feliciter non subsistit« (NvK *compendium*, c. II, n. 4). Bereits aus diesem kurzen Zitat wird deutlich, dass es sich bei der *moralibus scientiis* nicht um eine theologische Ethik handelt, sondern um eine eigenständige Wissenschaft der Moral und damit um eine rationale Ethik oder Vernunftethik (Kapitel III). Diese entspringt als wissenschaftliche Kunst ebenso dem menschlichen Geist, wie die technischen oder mechanischen Künste (artibus mechanicis). Was der Mensch in den mechanischen und freien Künsten sowie der Ethik entdeckt hat, zeigt Cusanus u.a. im *Compendium* (c. VI, n. 18).

Der Mensch ist, so begründet Cusanus, frei. Daher folgt er bei seinen technischen Handlungen, Erfindungen und Schöpfungsakten nicht vorrangig dem Anstoß der Natur, sondern primär seinen genuinen Überlegungen, Entscheidungen und Absichten. Diese Folgerung, die gegenwärtig innerhalb einer breit gefächerten Freiheit-contra-Determinismus-Debatte heftig umstritten und für die Frage nach der Technik von nur geringer Bedeutung ist, wurde bereits vor fast sechshundert Jahren von Cusanus unmissverständlich formuliert: »So sehen wir, daß in einer einzigen eigengestaltlichen Bewegung alle, die derselben Eigengestalt angehören, gleichsam auf Grund eines eingegebenen Naturgesetzes gezwungen und bewegt werden. Durch keinen solchen Zwang wird unser königlicher und herrscherlicher Geist in Zaum gehalten. Ansonsten würde er nichts erfinden, sondern nur den Anstoß der Natur ausführen« (NvK *ludo globi*, liber I, n. 35). Aus diesem Zitat wird deutlich, dass Cusanus die Technik als Leistung unseres Geistes nicht verdinglicht und damit den Naturgesetzen unterwirft. Er begreift sie auch nicht als bloße Verlängerung des menschlichen Armes oder als bloßes Mittel zum Zweck. Cusanus trennt zudem deutlich zwischen »den verschiedenen Künsten und den Produkten dieser verschiedenen Künste« (NvK *compendium*, c. VIII, n. 24) und folglich zwischen der ars humana als Handlung und den materiellen Kunsterzeugnissen dieser Handlung. Als ars humana gründet Technik auf Freiheit. Technik ist Handeln in Freiheit. Die Freiheit und nicht Naturgesetze ist somit die primäre Quelle aller menschlichen Erfindungen und technischen Handlungen. Mit dieser These erweist sich Cusanus erneut als ein erstaunlich modern denkender Technikphilosoph.

In Freiheit ausgeführte technische Handlungen sind zu begründen, nicht zu erklären. Sie folgen Gründen, nicht Ursachen oder naturgesetzlichen Zwängen. Technische Handlungen sind folglich auch nicht wertfrei. Die Automatismusbehauptung und die These der Wertneutralität der Technik erweisen sich als Irrtum (Franz 2007 S. 98f und 2014 S. 195f). Technische Handlungen und ihre Folgen sind zu verantworten. Die Frage nach der Technik ist somit nicht nur ein Problem der theoretischen, sondern auch der praktischen Philosophie. Technische Handlungen sind folglich auch Gegenstand der Ethik im Allgemeinen bzw. der Technikethik im Besonderen. Mit der cusanischen Begründung der Technik als Handlung wird somit ein Grundstein für die ethische Untersuchung technischer Handlungen gelegt. Die Technikethik ist ebenso wie die Vielfalt anderer angewandter Ethiken ein Kind unser Zeit. In puncto Cusanus ist dabei insbesondere die Frage relevant, ob aus seinem Werk nicht nur eine Technikphilosophie deduziert werden kann, sondern auch eine Technikethik und, falls ja, welche Bedeutung diese für die Gegenwart besitzt. Diesen Fragen widmet sich Kapitel III dieses Buches.

## 4.2 Technikfolgen

Jedes durch technisches Handeln hervorgebrachte Produkt ist notwendig ambivalent. Denn es hat einerseits primäre Folgen und andererseits sekundäre Folgen. Die primären Folgen sind die beabsichtigten Folgen, die den Zweck des Produktes oder, in der cusanischen Sprache, die Washeit des Produktes, repräsentieren. So wird beispielsweise ein Auto hergestellt, um Menschen oder Güter zu transportieren, oder ein Kraftwerk, um Energie zu produzieren. In diesen erwünschten Folgen oder

Zwecken gründet die Absicht der Handlung, diese technischen Produkte zu entwerfen und herzustellen. Die sekundären Folgen sind zumeist unerwünschte, aber nicht notwendig unbeabsichtigte Folgen, z.B. die Abgase eines benzinbetriebenen Autos oder eines Kohlekraftwerkes, die Strahlung von Mobilfunkgeräten oder technische Unfälle, wie Reaktorunfälle, Flugzeugabstürze, Zug- und Autounfälle.[10] Selbst das scheinbar von allen sekundären Folgen freie Werkzeug namens Hammer ist in puncto seiner Folgen ambivalent, da es zu Verletzungen (zumeist des Daumens) führen kann und zweckentfremdet zum Morden genutzt werden kann.[11]

Auch zu Lebzeiten des Cusanus war die Ambivalenz der Technik sicherlich schon bekannt. Denn im ausgehenden Mittelalter gab es höchstwahrscheinlich schon Unfälle mit Pferdekutschen, die nicht nur zu Schäden an den Kutschen führten, sondern auch zu Verletzungen bei den Mitreisenden, beispielsweise verursacht durch einen Achsenbruch infolge von Materialverschleiß, eines Konstruktionsfehlers oder eines auf dem Wege liegenden großen Steines. Die Möglichkeit der Personenbeförderung einerseits (primäre Folge) und die Gefahr eines Unfalls andererseits (sekundäre Folge) sind der Pferdekutsche ebenso inhärent und begründen ebenso ihre notwendige Ambivalenz, wie bei allen anderen technischen Artefakten. Unerwünschte oder sekundäre Technikfolgen waren im ausgehenden Mittelalter noch nicht in dem Umfang alltäglich, wie wir sie heute erfahren. Auch das Ausmaß der sekundären Technikfolgen war in jener Zeit noch von einer anderen Dimension. Technikkatastrophen, wie wir sie heute kennen, waren zu jener Zeit noch unbekannt. Die Ambivalenz der Technik war daher zu Lebzeiten des Cusanus zwar schon vereinzelt gegenwärtig und damit erfahrbar, wurde aber noch nicht thematisiert. Philosophische Reflexionen über Technik oder gar Technikkritik waren zu jener Zeit noch weitestgehend unbekannt. Die mit zunehmenden Technikfolgen verbundene Technikkritik

---

[10] Sekundäre Folgen können je nach Blickrichtung oder Zielsetzung weiter differenziert werden, beispielsweise in (i) solche, die notwendig mit den primären Folgen auftreten und bereits im Vorfeld der Herstellung eines technischen Produktes bekannt sind, (ii) solche, die notwendig mit den primären Folgen auftreten, aber zum Zeitpunkt der Herstellung eines technischen Produktes aufgrund mangelnden Wissens noch unbekannt, nicht vorhersagbar oder abschätzbar sind und (iii) solche, die notwendig mit den primären Folgen auftreten, sondern nur unter bestimmten Bedingungen (Franz 2014, S. 166f).

[11] Siehe z.B.: Trierischer Volksfreund: *Lebenslange Haft für Eifeler Hammermörder.* 24./25. April 2011.

4 Die Bedeutung des cusanischen Technikbegriffs für die Gegenwart

tritt vereinzelt erst im 17. Jahrhundert und in großer Breite erst mit Beginn des Industriezeitalters im 19. Jahrhundert auf.

In den folgenden drei Abschnitten wird der Nachweis erbracht, dass die Immanenz nicht intendierter und unerwünschter Technikfolgen und somit die Notwendigkeit der Ambivalenz von Technik in der von Cusanus begründeten Endlichkeit und Unvollkommenheit des Menschseins gründet. Die natürliche Endlichkeit und Unvollkommenheit des Menschen begründen bei Cusanus die Unmöglichkeit, Gott in seiner Unendlichkeit, Vollkommenheit und Allmacht zu erkennen. Der über sensus, ratio und intellectus führende Aufstieg zu Gott erfährt durch diese anthropologische Konstante eine obere epistemische Grenze. Der Mensch ist aufgrund seines bloß endlichen Erkenntnisvermögens grundsätzlich nicht fähig, diese Grenze nach oben zu übersteigen und Gott erkenntnismäßig und somit begrifflich zu erfassen.

Bezüglich technischer Handlungen, geistiger Erfindungen und Hervorbringungen neuer Kunstprodukte, begründen die natürliche Endlichkeit und Unvollkommenheit des Menschen dagegen eine untere Grenze, der Cusanus allerdings weitaus weniger Beachtung schenkt als der Grenze nach oben, obgleich ihm die »Unzulänglichkeit menschlicher Erfindungen« (NvK *de coniecturis*, pars I, n. 1) bekannt ist. Dennoch sind seine wenigen Überlegungen zur unteren Grenze hinreichend (Abs. 4.2.1), um darauf aufbauend ihre Konsequenzen für technische Handlungen abzuleiten und zu beurteilen. Dabei wird sich zeigen, dass es im Wesentlichen zwei immanente Gründe unerwünschter Technikfolgen gibt: die humane Unmöglichkeit, geistige Urbilder in vollkommener Genauigkeit sinnenfällig zu machen (Abs. 4.2.2), und die humane Unmöglichkeit, das Ganze zu überschauen (Abs. 4.2.3). Während die Grenze nach oben also eine rein epistemische Grenze ist, ist die Grenze nach unten eine epistemische *und* poietische, d.h. herstellungsbedingte. In den folgenden Abschnitten werden allein die technikphilosophischen und anthropologischen Gründe der Technikfolgen thematisiert, nicht aber die ethischen Probleme des technischen Handelns, die Gegenstand des Kapitels III dieses Buches sind.

Kapitel II Ars humana: Eine cusanische Philosophie der Technik

**4.2.1 DIE HUMANE ENDLICHKEIT UND UNVOLLKOMMENHEIT ALS IMMANENTER GRUND UNERWÜNSCHTER TECHNIKFOLGEN**

Alle menschlichen Künste sind, so begründet Cusanus, Abbilder der unendlichen Kunst Gottes (z.B. in *de mente*, c. II, n. 59). Als Abbilder sind sie selbst nicht unendlich, sondern endlich. »Jede endliche Kunst also stammt von der unendlichen Kunst. Und so wird die unendliche Kunst notwendig aller Künste Urbild sein, Ursprung, Mitte, Ziel, Maßeinheit, Maß, Wahrheit, Genauigkeit und Vollkommenheit« (a.a.O. n. 61 und n. 62). Hieraus folgt, dass keine menschliche Kunst per se die Genauigkeit und Vollkommenheit der göttlichen Schöpfungskunst erreichen kann. Primär kommt die Unvollkommenheit des Menschen in seiner Unfähigkeit zum Tragen, aus »dem Unbelebten Lebendiges und aus dem Zeitlichen Ewiges« (NvK *epistula ad nicolaum bononiensem*, n. 51) hervorzubringen und damit in seiner immanenten Unfähigkeit (genauer: Unmöglichkeit), menschliche Wesen und damit sich selbst zu schaffen. »Aber was, wenn der Meister nicht nur wie ein Weber, Handwerker oder Gelehrter an der Weisheit teil hätte, sondern auch an ihrer Allmacht, sogar aus nichts etwas zu machen und aus dem Unbelebten Lebendiges und aus dem Zeitlichen Ewiges? Ohne Zweifel würde in einem solchen Menschen die absolute und ewige Weisheit, durch welche Gott die Zeiten gemacht hat (Hebr 1,2), leiblich, real und wesenhaft wohnen. Wäre dieser Künstler dann nicht der einzige und vollkommenste Meister?« (ebd). Ja, er wäre es. Aber er ist es nicht. Denn der Mensch ist unvollkommen und dies wird in allen seinen Künsten offenbar, zu denen er grundsätzlich fähig ist. »Laie: [...] Es ist nämlich offenbar, daß keine menschliche Kunst die Genauigkeit der Vollkommenheit erreicht hat und daß jede endlich und begrenzt ist. Denn die eine Kunst wird in ihren Grenzen eingegrenzt, die andere in anderen, die die ihrigen sind, und jede ist von den anderen verschieden, und keine umfaßt alle. Philosoph: Was willst du daraus folgern? Laie: Daß alle menschliche Kunst endlich ist« (NvK *de mente*, c. II, n. 60). Die menschliche Kunst ist also per se endlich, begrenzt und unvollkommen. Hieraus ist zu folgern, dass ihre Kunstprodukte gleichfalls per se ungenau und unvollkommen sind. Der Mensch vermag zwar seine Kunstprodukte beständig in ihrer Genauigkeit zu verbessern, absolute Genauigkeit und Vollkommenheit bleiben für ihn aber grundsätzlich unerreichbar. Genau hierin liegt nun ein erster

Grund für nicht intendierte und unerwünschte Technikfolgen. Da zudem die einzelnen menschlichen Künste verschieden sind und keine die andere einschließt, kann weiterhin gefolgt werden, dass keine die andere vollkommen zu überschauen vermag, denn, so Cusanus, »keine umfasst alle« (siehe oben). Auch dies birgt aus heutiger Sicht die Gefahr nicht intendierter Technikfolgen. Denn die komplexen Techniken der heutigen Zeit sind nicht mehr nur auf eine einzige Kunst begrenzt. Sie sind fachbereichs- oder, wie Cusanus sagen würde, kunstübergreifend. Mit dieser Komplexität wächst die Gefahr von Fehlern und damit von unbeabsichtigten und unerwünschten Technikfolgen.[12] Es sind folglich die Endlichkeit, die Begrenztheit, die Unvollkommenheit und die damit verknüpfte inhärente Unwissenheit des Menschen, die als anthropologische Konstanten die Notwendigkeit unerwünschter Technikfolgen und damit die Notwendigkeit der Ambivalenz der Technik begründen. Oder als These formuliert:

Aufgrund der immanenten Unvollkommenheit und Endlichkeit der menschlichen Kunst (ars humana) können technische Schöpfungen grundsätzlich nicht vollkommen frei von unerwünschten Technikfolgen sein. Die ars humana ist folglich notwendig bivalent und schließt daher stets erwünschte und unerwünschte Folgen ein.

In den folgenden beiden Abschnitten wird gezeigt, dass die Unvollkommenheit und Endlichkeit des Menschseins als anthropologische Konstante zumindest in zwei unterschiedlichen Weisen oder Modi die Quelle unerwünschter Technikfolgen ist.

### 4.2.2 DIE KATEGORIALE UND POIETISCHE DIFFERENZ VON URBILD UND ABBILD

Zwischen der Idee eines künstlichen Produktes in unserem Geist und dem realisierten, sinnenfälligen Kunstprodukt besteht ein Urbild-Abbild-Verhältnis und folglich eine Differenz zwischen Urbild und Abbild. Denn ein »Mensch hat zum

---

[12] Die Umschreibung ›unbeabsichtigte und zumeist unerwünschte‹ berücksichtigt die Möglichkeit, dass eine schöpferische oder technische Handlung neben den beabsichtigten Folgen (die den Grund bzw. die Absicht des Handelnden für seine Schöpfungshandlung geben) zwei Arten von unbeabsichtigten Folgen (besser: Nebenfolgen) haben kann, nämlich einerseits unerwünschte oder negative (z.B. Umweltverschmutzung) als auch erwünschte oder positive. So kann eine schöpferische Handlung beispielsweise eine Nebenfolge haben, an die zuvor in keiner Weise gedacht wurde, sich aber später als positiv herausstellt.

Beispiel die mechanische Kunst und hat die Gestalten der Kunst wahrer in seinem geistigen Begriff, als sie nach außen hin gestaltbar sind, wie ein Haus, das auf Grund der Kunst entsteht, eine wahrere Gestalt im Geist als in den Hölzern hat« (NvK *de beryllo*, c. XXXIII n. 55f). Worin gründet diese Differenz? Zunächst darin, dass kein Urbild und keine Idee in vollkommener Weise sinnfällig gemacht werden kann. »Angenommen also, ich wollte die Kunst entfalten und die Form des Löffelseins, die einen Löffel zum Löffel macht, sinnenfällig machen. [...] So siehst du die einfache und mit den Sinnen nicht wahrnehmbare Form des Löffelseins im Gestaltverhältnis dieses Holzes gleichsam in ihrem Abbild widerstrahlen. Daher kann die Wahrheit und Genauigkeit des Löffelseins, die nicht vervielfacht und nicht mitgeteilt werden kann, auf keine Weise, auch nicht durch irgendwelche Werkzeuge und durch irgendeinen Menschen vollkommen sinnfällig gemacht werden, und in allen Löffeln strahlt nur die einfachste Form selbst in verschiedener Weise wider, mehr im einen und weniger im andern und in keinem genau« (NvK *de mente*, c. II, n. 63). Der reale Löffel ist somit, platonisch formuliert ein Abbild der Idee des Löffels, die Cusanus als das Löffelsein bezeichnet, und hat somit an dieser Idee und damit am Wesen eines Löffels teil.

Zwischen der Idee oder dem geistigen Urbild und dem Schöpfungs- oder Kunstprodukt als dem Abbild der Idee oder des Urbildes besteht folglich notwendig eine Differenz, die größer oder kleiner sein kann, aber niemals verschwindet. Denn kein Mensch besitzt die Fähigkeit, sein geistiges Urbild vollkommen zu realisieren, also die Materie vollkommen gemäß seiner geistigen Idee zu formen. Der Löffel ist beispielsweise nicht so glatt wie erwartet, der Griff weist kleine Splitter auf oder die Löffelvertiefung zeigt kleine Risse. Auch Cusanus kennt dieses Problem. Er führt dieses Problem allerdings primär auf den Stoff zurück und nicht auf die Unvollkommenheit des menschlichen Schöpfers. Abweichungen von Urbild und Abbild sind somit, so Cusanus, stoffbedingt, und nicht menschlich bedingt. »Und weil ein Stoff geeigneter ist als der andere, kann keiner die vollkommenste Möglichkeit sein. Also kann die unstoffliche und geistige Gestalt in keinen Stoff wahrhaft, wie sie ist, gebildet werden« (NvK *ludo globi*, liber I, n. 44f). Eine stoffunabhängige Abweichung und damit einen stoffunabhängigen Mangel im Produkt räumt Cusanus nur für den Fall ein, dass die Hervorbringung des Produktes von einem Nicht-Handwerker ausgeführt wird.

## 4 Die Bedeutung des cusanischen Technikbegriffs für die Gegenwart

»Denn daß sich aus dem Stein kein Kasten durch einen Handwerker herstellen läßt, liegt an einem Mangel im Material. Und dass ein anderer als der Handwerker aus dem Holz den Kasten nicht herstellen kann, dass liegt an einem Mangel im Ausführenden« (NvK *docta ignorantia*, liber II, c. VIII, n. 135).

Aber auch im günstigen Fall, dass ein Produkt durch einen ausgebildeten Handwerker oder Meister hervorgebracht wird, können Abweichungen und folglich Mängel auftreten. Denn die vollkommene Gleichheit gibt es, so eine bekannte These von Cusanus, nur bei Gott, nicht aber unter den Dingen unserer Welt. Dies gilt folglich sowohl für die menschlichen Schöpfer, als auch für die durch sie geschaffenen künstlichen Produkte, auch wenn dies Cusanus nicht impliziert. Daher unterscheiden sich nicht nur die einzelnen Handwerker, sondern auch ihre Produkte, z.B. ihre Holzkästen. Der eine Kasten wird genauer oder präziser, der andere ungenauer oder unpräziser verarbeitet sein. Zwischen den einzelnen Holzkästen besteht folglich auch stoffunabhängig ein gradualer Unterschied in der gefertigten Genauigkeit und Qualität. Kein Holzkasten erreicht die absolute Genauigkeit oder Vollkommenheit. Folglich weist jeder Holzkasten bereits einen stoffunabhängigen Mangel an Genauigkeit und Vollkommenheit auf, der eine mehr und der andere weniger, auch wenn er durch einen geschulten Handwerker oder Meister hervorgebracht wurde.

Die Differenz zwischen Urbild und Abbild, ob menschlich oder stofflich bedingt, impliziert damit grundsätzlich die Möglichkeit, dass die Schöpfungsprodukte des Menschen nicht nur die erwünschten und intendierten primären Folgen oder Funktionen aufweisen, z.B. die Funktion des Löffels als Essbesteck, sondern auch nicht intendierte und unerwünschte sekundäre Folgen, z.B. eine Verletzung infolge eines Splitters im Löffelstiel. Ein geschulter und erfahrener Meister im Löffelschnitzen vermag zwar diese Differenz zu minimieren, aber niemals vollkommen zu eliminieren. Dies gilt selbstverständlich nicht nur für das technische Produkt *Löffel*, sondern grundsätzlich für alle menschlichen Schöpfungs- oder Kunstprodukte. Alle durch Handwerker, Techniker oder Ingenieure erzeugten Kunstprodukte haben daher grundsätzlich das Potential zu nicht intendierten und unerwünschten Technikfolgen. Diesen Schluss zog Cusanus, als Kind seiner Zeit, allerdings noch nicht - kann aber aus seinem Werk abgeleitet werden.

## Kapitel II   Ars humana: Eine cusanische Philosophie der Technik

Nun mag zwar die Differenz zwischen Idee und sinnfälligem Kunstprodukt bei einem einfachen Produkt, wie der Löffel oder der Holzkasten, klein sein, bei komplexen Ideen und folglich komplexen künstlichen Produkten variiert diese Differenz jedoch innerhalb einer weitaus größeren Spanne. Während die Folgen dieser Differenz bei einem unsauber gearbeiteten Löffel sicherlich marginal sind oder auch gar nicht auftreten, können diese bei komplexen Produkten, wie sie in der modernen, gegenwärtigen Technik üblich sind, gravierend sein und zu erheblichen Schäden bei Mensch und Umwelt führen. Beispiele hierzu gibt es in genügender Zahl. Die vielfältigen und insbesondere in ihrem Ausmaß zunehmenden unbeabsichtigten und unerwünschten Technikfolgen vom Beginn des Industriezeitalters im 19. Jahrhundert bis in die Gegenwart sind hierfür ein deutlicher Beleg. Zusammenfassend kann damit die folgende These formuliert werden:

Die immanente Unvollkommenheit und Endlichkeit der menschlichen Kunst implizieren notwendig eine Differenz zwischen den schöpferischen Ideen im Geist des Menschen und seinen realisierten Schöpfungsprodukten, was grundsätzlich die Möglichkeit von nicht intendierten, unerwünschten Folgen eröffnet.

Diese These scheint im Widerspruch zu der folgenden Aussage zu stehen: »Dasselbe Verhältnis also, wie es von den Werken Gottes zu Gott besteht, besteht von den Werken unseres Geistes zum Geist selbst« (NvK *de mente*, c. VII, n. 98). Denn in obiger These wird aus der Unvollkommenheit des Menschen eine notwendige Differenz zwischen der schöpferischen Idee des Menschen und seinem Schöpfungsprodukt begründet. Diese Differenz ist ergo eine Folge der Unvollkommenheit des Menschen. Wenn diese These plausibel ist und zugleich, wie Cusanus behauptet, das Werk Gottes zu Gottes Urbild im gleichen Verhältnis steht, wie das Werk des Menschen zu seiner geistigen, schöpferischen Idee, dann besteht auch zwischen dem Werk Gottes und dem göttlichen Urbild eine Differenz. Diese kann aber nun nicht auf Unvollkommenheit gründen. Denn Gott ist vollkommen. Sie muss daher einen anderen Grund haben. Die Auflösung dieses Dilemmas scheint wie folgt: Die Differenz zwischen Gott und seinem Werk ist eine zwischen Urbild und Abbild im aristotelischen Sinne und folglich eine zwischen Form und Stoff, genauer: zwischen Form und geformtem Stoff. In diesem Sinne ist »der unendliche Geist die absolute formgebende Kraft « (a.a.O. c. IV, n. 74). Das geistige, göttliche Urbild und sein materielles, natürliches und sinnfälliges Abbild sind somit von unterschiedlicher Kategorie.

Die Differenz zwischen der schöpferischen Idee des Menschen und seinem Werk ist dagegen eine zweifache. Einerseits ist sie gleichfalls eine kategoriale zwischen geistiger Form und geformtem, materiellem Stoff. In diesem Sinne stehen Gott und sein Werk de facto im gleichen Verhältnis wie der Mensch und sein Werk. Andererseits besteht zwischen der schöpferischen Idee des Menschen und seinem Werk auch eine Differenz aufgrund seiner per se mangelnden Fähigkeit, seine Idee im Stoff vollkommen sinnfällig zu machen, was nun de facto eine notwendige Folge der immanenten menschlichen Unvollkommenheit ist. Der Mensch macht Fehler, Gott nicht. Die zu realisierende Form wird im Stoff mal so und mal anders ausfallen. In diesem Sinne strahlt beispielsweise die Form des Löffels, wie oben bereits durch Cusanus begründet, in allen Löffeln »in verschiedener Weise wider, mehr im einen und weniger im andern und in keinem genau« (a.a.O. c. II, n. 63). Diese durch den Herstellungsprozess induzierte Differenz soll in Anlehnung an Aristoteles, die poietische genannt werden. Als These formuliert folgt:

Zwischen der schöpferischen Idee des Menschen und seinem Werk besteht eine kategoriale und eine poietische Differenz. Die kategoriale ist die zwischen Form und geformter Materie. Die poietische ist die zwischen Idee und unvollkommen realisierter Idee, also zwischen geistigem Urbild und unvollkommen oder ungenau realisiertem materiellen Abbild.

Die poietische Differenz wird zwar durch die cusanische Begründung der Unvollkommenheit und Endlichkeit des Menschen notwendig impliziert, aber durch Cusanus selbst noch nicht in dieser Weise gedacht. Sie gründet, wie oben bereits gezeigt, nicht allein in der endlichen Fähigkeit des Menschen, sondern auch im verwendeten Stoff, der beispielsweise aufgrund unterschiedlicher Qualität oder Beschaffenheit die Möglichkeit einschränkt, das geistige Urbild vollkommen und fehlerfrei sinnfällig zu machen. Als These formuliert folgt somit zusammenfassend:

Erster inhärenter Mangel der menschlichen Schöpfungskunst: Die per se unzureichenden poietischen Fähigkeiten des Menschen und die immanenten unzulänglichen stofflichen Qualitäten sind die beiden primären Gründe der poietischen Differenz zwischen geistigem Urbild und realem Abbild und somit ein erster inhärenter Grund für mögliche unerwünschte Technikfolgen.

In gewissen Grenzen vermag der Mensch bei einer Vielzahl seiner Kunstprodukte diese Folgen im Vorfeld abzuschätzen. Sie können somit bereits bei der geistigen Konzeption mit bedacht werden. Dennoch gehören sie nicht per se zum Urbild oder zur Idee. So wird ein realisiertes Fahrzeug stets Eigenschaften oder Akzidenzien aufweisen, die das Urbild nicht hat. Zum Urbild oder zur Idee des Kraftfahrzeuges gehört, dass es Personen und Waren befördert, nicht aber, dass es Unfälle verursacht oder umweltschädliche Abgase entwickelt.

### 4.2.3 Die Unüberschaubarkeit des Ganzen

Das Ganze eines künstlichen Produktes ist, so begründet Cusanus, durch das Urbild im menschlichen Geist repräsentiert. Es ist das Maß, an dem der menschliche Schöpfer sein zu erstellendes Kunstprodukt orientiert und das ihm den Ort und die Funktion seiner Teile vorgibt. Dies gilt sowohl für komplexe Produkte als auch für einfache Produkte, wie der oben schon häufig genannte Löffel. »Denn man kennt nicht den Teil, wenn man nicht das Ganze kennt; das Ganze nämlich mißt den Teil. Wenn ich nämlich einen Löffel Teil für Teil aus einem Holzstück herausschnitze, dann blicke ich, wenn ich einen Teil anpasse, auf das Ganze, damit ich einen wohlproportionierten Löffel hervorbringe. So ist der ganze Löffel, den ich im Geist erdacht habe, das Urbild, auf das ich blicke, während ich einen Teil gestalte. Und dann kann ich einen vollendeten Löffel herstellen, wenn jeder Teil sein Verhältnis in der Ordnung auf das Ganze bewahrt. Ebenso muß jeder Teil, mit dem anderen verglichen, seine Vollständigkeit bewahren. Daher wird es für die Kenntnis des Einzelnen nötig sein, daß die Kenntnis des Ganzen und seiner Teile vorangeht« (NvK *de mente*, c. X, n. 127). Obgleich das Urbild des Löffels (die Washeit des Löffels, das Löffelsein) das geistige Ganze des Löffels repräsentiert und damit das Maß aller zu realisierenden Löffel ist, ist der »ganze Löffel, den ich im Geist erdacht habe«, doch selbst wieder nur ein Teil eines übergeordneten Ganzen: des Ganzen des Tischbestecks, der Tischeindeckung, des Hauses, der Gemeinde, des Landes, der Erde und des Weltalls oder des Universums. Es ist folglich kurzsichtig, beim Schnitzen eines Löffels allein der These von Cusanus zu folgen und nur das begrenzte Ganze des Löffels vor seinem geistigen Auge zu betrachten und als Maß zu nehmen. Vielmehr ist auch das dem Löffel übergeordnete Ganze zu bedenken. Doch genau hier stößt der Mensch aufgrund seiner Unvollkommenheit und Endlichkeit erneut an seine Grenzen. Denn das allen Dingen in letzter Stufe übergeordnete Ganze, nämlich das Weltganze, vermag der Mensch nicht zu erkennen, sondern allein Gott. Denn in Gott ist alles in einem einzigen Urbild eingefaltet. Der Mensch weiß dagegen niemals mit Gewissheit, wie sich sein Schöpfungsprodukt in das übergeordnete Ganze einfügen wird. Insbesondere vermag er nicht mit Gewissheit zu erkennen, welche Wechselbeziehungen sein Kunstprodukt mit anderen menschlichen Schöpfungsprodukten einerseits und mit der göttlichen Schöpfung andererseits eingehen wird. Das Urbild im menschlichen Geist ist ein singuläres, individuelles und auf das hervorzubringende Schöpfungsprodukt begrenztes Bild. In ihm sind allein das Schöpfungsprodukt, sein Zweck, seine Funktion und ggf. weitere eng mit diesem Produkt verknüpfte Aspekte eingefaltet, nicht aber das darüber Hinausgehende und schon gar nicht das Weltganze. Hierin gründet eine inhärente Gefahr aller menschlichen Schöpfungen, nämlich die schon genannten unerwünschten und nicht intendierten Technikfolgen, wie beispielsweise die Umwelterwärmung. Das Ganze im Auge zu behalten und den Blick für das übergeordnete Ganze zu schärfen ist daher heute eine zunehmende Forderung an Techniker und Ingenieure im Beruf sowie in der Ausbildung. Denn es »[...] ist offenbar: Wenn man Gott, der das Urbild des Alls ist, nicht kennt, kann man nichts vom All, und wenn man das All nicht kennt, nichts von seinen Teilen wissen. So geht dem Wissen von jedem Einzelnen das Wissen von Gott und allen Dingen voran« (ebd.).

Die Schöpfung Gottes folgt, so begründet Cusanus, aus der Entfaltung eines einzigen göttlichen Urbildes. Ergo entspringt alles, was ist, diesem einen Urbild. Alles ist demzufolge so, wie Gott es wollte. Daher übersieht Gott das Ganze und kennt alle Auswirkungen der realen Abbilder, die sie untereinander und als Teile auf das eine Ganze ausüben. Dies ist nicht so beim menschlichen Schöpfungsakt. Denn zu jedem durch den Menschen geschaffenen, neuen technischen Produkt existiert ein dazugehöriges, individuelles Urbild im menschlichen Geist. So gibt es im Geist des

Menschen stets mehrere Urbilder, beispielsweise das Urbild eines Löffels, einer Schale, eines Topfes eines Holzkastens oder eines Globusspiels. Der menschliche Geist ist folglich durch eine Vielzahl von Urbildern geprägt. Denn einerseits gehört zu jedem einzelnen Schöpfungsprodukt eine Schöpfungsidee. Andererseits gibt es nicht nur einen einzigen menschlichen Schöpfer, sondern sehr viele, im Grenzfall ebenso viele wie es Menschen auf der Erde gibt, also etwa acht Milliarden. Nun vermögen aber die menschlichen Schöpfer weder vollkommen zu erkennen, in welchem Verhältnis ihre Schöpfungsideen zueinander stehen, noch wie diese Ideen zum Weltganzen, zur Schöpfung Gottes stehen. Dies führt letztendlich zu einem Dilemma: Der menschliche Geist führt als Abbild des göttlichen Geistes die Schöpfung Gottes weiter, ohne aber den göttlichen Plan, das göttliche Urbild oder die Wahrheit zu kennen. Beim Löffel mag die Frage nach der Einordnung in das Weltganze noch belanglos sein, nicht aber bei komplexen Schöpfungsprodukten des menschlichen Geistes. So sind auch Kraftfahrzeuge, humanoide Roboter, Atomreaktoren und industrielle Massentierhaltung Produkte oder Ergebnisse des schöpferischen menschlichen Geistes. Da der Mensch das Weltganze nicht zu erfassen vermag, erkennt er mitunter zu spät, dass beispielsweise Kraftfahrzeuge und Massentierhaltung mit den göttlichen, natürlichen Schöpfungsprodukten nur bedingt im Einklang stehen. Umweltverschmutzung, Treibhauseffekt, Ozonloch und durch Massentierhaltung bedingte Krankheiten bei Mensch und Tier sind die realen, unerwünschten Nebenprodukte der Urbilder des menschlichen Geistes. Das Unvermögen des menschlichen Geistes das Ganze zu durchschauen ist ergo neben der mangelnden menschlichen poietischen Fähigkeit, geistige Urbilder vollkommen sinnfällig zu machen (Abs. 4.2.2), ein zweiter Grund für die per se unvermeidbaren unerwünschten Technikfolgen. Oder zusammenfassend als These formuliert:

Zweiter inhärenter Mangel der menschlichen Schöpfungskunst: Der Mensch vermag das Ganze der Welt nicht zu erfassen. Er kann damit grundsätzlich nicht mit Gewissheit erkennen, ob sein Schöpfungsprodukt erstens mit anderen menschlichen Schöpfungsprodukten und zweitens mit der natürlichen (göttlichen) Schöpfung (insbesondere den Menschen und seiner Umwelt) im Einklang steht oder nicht. Seine

Schöpfungsakte sind folglich per se risikobehaftet. Dies ist der zweite inhärente Grund für die Möglichkeit nicht intendierter und unerwünschter Technikfolgen.

## 5 Fazit

Das Vorhaben, technikphilosophische Thesen im vorrangig philosophisch-theologisch geprägten Gesamtwerk des Cusanus aufzuspüren und zu einem technikphilosophischen Gesamtbild zu vereinen, war, so muss eingestanden werden, anfänglich von der Befürchtung bestimmt, dass bei Cusanus diesbezüglich kaum etwas Fundiertes zu finden und das Vorhaben daher von Anfang an zum Scheitern verurteilt ist. Dies hat sich nicht bestätigt. Im Gegenteil: Cusanus begründet eine frühe Technikphilosophie, die von erstaunlicher Aktualität ist. Zu ihrer Konstruktion wurde aus der Vielzahl technikphilosophischer Puzzelteile, die sich in seinem Werk finden, zunächst ein grobes Bild gezeichnet, das noch Lücken aufwies. In einem zweiten Schritt wurden sodann diejenigen technikphilosophischen Überlegungen, die Cusanus nur andachte und nicht fortsetzte, folgerichtig mittels Implikationen fortgeschrieben. Es waren vor allem Implikationen, die Cusanus als Kind seiner Zeit noch nicht ziehen konnte oder aufgrund seiner philosophisch-theologischen Zielsetzung als irrelevant einstufte. Betrachtet man das in dieser Weise konstruierte technikphilosophische Gesamtbild, so manifestiert es, wie schrittweise nachgewiesen wurde, essentielle technikphilosophische Antworten und Thesen und zwar sowohl zur ontologischen Frage, was Technik ist, als auch zu den Gründen unerwünschter und nicht intendierter Technikfolgen und damit zu den Gründen der immanenten Ambivalenz von Technik.

Cusanus begründet, wie nachgewiesen und einleitend vorgestellt wurde (These 1 der Einleitung), Technik nicht als etwas Gegenständliches, sondern als eine menschliche Kunst (ars humana) und damit als eine menschliche Tätigkeit oder Handlung (ars = actio), der ein Nachdenken, Überlegen und Beschließen vorangeht. Dieses technische Handeln ist *nützlich*, da es dem Leben dient, *erfinderisch*, da es Neues hervorbringt, und *schöpferisch*, da es der Schöpfung Gottes ähnelt, d.h. ein Abbild der unendlichen und vollkommenen Kunst Gottes, des Schöpfers der Welt ist. Da die schöpferische Kunst des Menschen zugleich eine erfinderische ist, können menschliche Schöpfung (creatio) und Erfindung (inventio) als synonym betrachtet werden.

## Kapitel II Ars humana: Eine cusanische Philosophie der Technik

Technisches Handeln ist im Sinne von Cusanus zudem *frei* und *kreativ*, was gleichfalls die Gottähnlichkeit des Menschen begründet. Schließlich ist das technische Handeln im Sinne von Cusanus *symbolisch*, da es den göttlichen Schöpfungsakt symbolisiert und damit das Verhältnis des Menschen zu Gott offenbart. Der menschliche Schöpfungsakt fungiert folglich als Modell, Beispiel oder Zeichen für den göttlichen Schöpfungsakt. Er ist damit ein möglicher Ausgangspunkt für den stufenartigen Aufstieg zur nichtbegrifflichen Schau Gottes und damit im cusanisch-theologischen Sinne zur Wahrheit. Denn sobald der Mensch erkennt, dass sein technisches Handeln oder sein schöpferischer Akt ein Abbild des göttlichen Schöpfungsaktes ist bzw. diesen symbolisiert, ist bereits der erste Schritt zur Erkenntnis Gottes getan. Unter den Wesensmerkmalen des cusanischen Technikbegriffs (nützlich, erfinderisch, schöpferisch, frei, kreativ und symbolisch) ist somit aus cusanischer Sicht das Merkmal der Symbolik für den Menschen das bedeutendste Technikprädikat (These 2 der Einleitung). Dieser theologische Aspekt der Technik spielt heute keine Rolle mehr, was in einer multikulturellen, offenen Gesellschaft vermutlich auch angemessen ist. Aber dass Technik nicht nur einen nützlichen, ökonomischen Aspekt hat, sondern auch den der Freiheit, des Schöpferischen, Kreativen und Erfinderischen, daran lohnt zu erinnern. Denn es scheint, dass diese Attribute technischen Handelns, die einen guten Ingenieur auszeichnen, in vielen technischen Studiengängen heute nicht mehr angemessen gefördert werden, obgleich sie gerade in puncto nachhaltiger technischer Entwicklungen, die moralisch geboten sind, unerlässlich sind (Kapitel IV).

Es wurde nachgewiesen, dass das cusanische Technikverständnis von erstaunlicher Aktualität und Bedeutung für die technikphilosophischen Debatten der Gegenwart ist (These 3 der Einleitung). Aktualität erlangt das cusanische Technikverständnis vor allem durch seine Begründung der Technik als Handlung in Freiheit. Technische Handlungen unterstehen damit nicht den Gesetzen der Natur und folgen somit weder einem Automatismus noch Determinismus. Ergo gelten für technische Handlungen, ebenso wie für alle Alltagshandlungen, moralische Regeln, seien diese Regeln nun durch den Menschen begründet oder durch Gott oder die heiligen Schriften offenbart. Mit diesem technikphilosophischen Ergebnis wird die Tür zur Rekonstruktion einer cusanischen Technikethik geöffnet, denn erst mit der philosophischen Begrün-

## 5 Fazit

dung der Technik als Handlung wird Technik auch ein Gegenstand ethischer Auseinandersetzung. Der Versuch, eine solche Technikethik im cusanischen Geist zu begründen, wird im Kapitel III dieses Buches unternommen.

Gleichermaßen bedeutend für die aktuelle Technikdebatte ist der cusanische Nachweis der grundsätzlichen Unvollkommenheit und Endlichkeit des Menschseins. Denn diese implizieren, dass der menschliche Schöpfungsakt und die aus ihm resultierenden Artefakte ebenfalls notwendig *unvollkommen* und *endlich* sind. Genau hierin liegen, wie gezeigt wurde, die Gründe unerwünschter und nicht intendierter Technikfolgen und damit zugleich die der Notwendigkeit der Ambivalenz von Technik, auch wenn diese Schlüsse von Cusanus noch nicht gezogen wurden. Bei technischen Handlungen finden die Unvollkommenheit und Endlichkeit des Menschen als anthropologische Konstanten vor allem in den beiden folgenden Aspekten ihren Ausdruck:

(i) erstens in der Unmöglichkeit des Menschen seine Schöpfungsprodukte vollkommen im Sinne des geistigen Urbildes zu schaffen und somit in der Realität abzubilden (erster inhärenter Grund unerwünschter Technikfolgen),

(ii) zweitens in der Unmöglichkeit des Menschen die Wechselbeziehungen zwischen den vielfältigen humanen Schöpfungsprodukten untereinander und zwischen diesen und der Schöpfung Gottes, wozu der Mensch und die Natur gehören, vollkommen zu durchschauen (zweiter inhärenter Grund unerwünschter Technikfolgen).

Aus der durch Cusanus begründeten Unvollkommenheit und Endlichkeit des Menschen folgt weiterhin, dass der Mensch grundsätzlich nicht frei von Fehlern ist. Dies bedeutet, dass auch seine Schöpfungsakte und ergo seine Schöpfungsprodukte per se das Potential zu Fehlern und damit zu unerwünschten Folgen haben. Auch ein Meister seines Handwerks, der sich durch an Vollkommenheit grenzende Fähigkeiten auszeichnet, ist folglich prinzipiell nicht frei von Fehlern.

Das cusanische Technikverständnis ist in Teilen sicherlich mittelalterlich und nicht modern. Hierzu ist der ungetrübte und unkritische Technikoptimismus zu zählen. In weiten Teilen bereitet es aber die Moderne vor. Dieses Prädikat gebührt vor allem der cusanischen Begründung der Technik als freie, kreative und schöpferische Handlung. Schließlich ist das cusanische Technikverständnis in einigen Teilen zwar aktuell, doch hat es die Moderne noch nicht in dem Maße übernommen, wie es vielleicht sinnvoll

## Kapitel II  Ars humana: Eine cusanische Philosophie der Technik

wäre. Hierzu gehört der cusanische Nachweis, dass Technik nicht nur einen Nutzenaspekt aufweist, der sich in der Moderne vor allem als ein wirtschaftlicher Aspekt erweist, sondern durch vielfältige weitere Aspekte, wie gezeigt wurde, prädiziert ist. Hierzu gehören auch die aus seinen technikphilosophischen Überlegungen deduzierbaren Bedingungen der inhärenten, nicht intendierten Folgen technischen Handelns und damit der Notwendigkeit der Technikambivalenz.[13]

Der Mensch ist frei. Und der Mensch hat einen Geist. Beides zusammen sind, so wurde gezeigt, eine notwendige Bedingung dafür, dass der Mensch erfinderisch tätig sein kann. Aufgrund seines freien Geistes gehören kreative Ideen und das Erfinden und Hervorbringen von Neuem zu seiner Natur. Er kann sozusagen gar nicht anders, als beständig Ideen zu entwickeln, diese zu bedenken, und Neues zu erfinden. Oder anders gesagt: Das Wesen des Menschen ist es, Erfinder und Künstler zu sein. Die in diesem Kapitel gestellte Frage nach dem Wesen der Technik gibt so zum Schluss also auch noch eine Teilantwort auf die anthropologische Frage nach dem Wesen des Menschen.

Die frühe cusanische Technikphilosophie, die in diesem Kapitel erstmals systematisch rekonstruiert wurde, ist zweifelsfrei eine Bereicherung der Philosophie der Technik und verdient daher auch in den philosophischen Technikdebatten der Gegenwart eine adäquate Beachtung. Indem das Werk des Cusanus sowohl eine Antwort auf die technikphilosophische Grundfrage nach dem Wesen von Technik ermöglicht - Technik ist ein freier, kreativer und schöpferischer Prozess der mentale Akte und physische Handlungen gleichermaßen einschließt -, als auch Gründe für die Ambivalenz von Technik erschließt, kann Cusanus zurecht als ein früher Technikphilosoph tituliert werden. Einer posthumen Ernennung zum Technikphilosophen steht also 550 Jahre nach seinem Tod nichts mehr im Wege.

---

[13] Mit dieser hier zusammenfassend alternativ vorgenommenen ternären Differenzierung in (i) mittelalterlich und nicht modern, (ii) mittelalterlich, aber die Moderne vorbereitend oder grundlegend und (iii) mittelalterlich und aktuell, aber von der Moderne nicht übernommen, folge ich dankend einem Hinweis von Schwaetzer. Die Differenzierung nach (iii) zeigt, so Schwaetzer, dass hier das Technikverständnis des Cusanus gerade deswegen aktuell ist, weil es bestimmte moderne Ansichten nicht teilt, was m.E. besonders auf die moderne Einengung des Technikbegriffes auf den Nutzenaspekt zutrifft.

# KAPITEL III
# DIE TECHNIKETHIK DES CUSANUS

> [I]n der Mitte der Gleichheit wirst du
> auf dem sichersten Weg sein. (Cusanus)

In diesem Kapitel wird der Versuch unternommen, eine Technikethik im cusanischen Geist zu konzipieren, zu begründen und ihre Bedeutung für die Gegenwart aufzuzeigen. Als Grundlage dienen zum einen die vier ethischen Grundbegriffe Gleichheit, Gerechtigkeit, Goldene Regel und Kardinaltugend, die im philosophisch-theologischen Gesamtwerk des Cusanus vielerorts zu finden sind. Zum anderen werden diejenigen Elemente seiner Philosophie der Technik aufgenommen, die unmittelbar ethische Implikationen haben. Mittels der in dieser Weise konzipierten cusanischen Technikethik wird abschließend als praktische Anwendung ein Ethikkodex für Ingenieure und Techniker im cusanischen Geist abgeleitet.

## 1 ETHIK UND MORAL – ALLGEMEINE UND ANGEWANDTE ETHIK

Die Ethik gehört neben der politischen Philosophie, der Rechtsphilosophie (Jurisprudenz) und der Sozialphilosophie zur praktischen Philosophie. Sie alle eint ihr gemeinsamer Gegenstand, nämlich die Praxis des Menschen. Der griechische Begriff der *prâxis* kann dabei mit Handlung oder Tätigkeit übersetzt werden. Während die politische Philosophie das politische Handeln reflektiert, die Jurisprudenz das gerechte und die Sozialphilosophie das soziale, richtet die Ethik ihr wissenschaftliches Interesse auf das moralische Handeln. Sie ist somit die Wissenschaft der Moral. Und als solche – moralibus scientiis – hat sie auch Nikolaus von Kues verstanden. Ethik und Moral dürfen daher nicht verwechselt werden. Die Ethik ist eine Wissenschaft, die Moral ihr Gegenstand. Die Moral repräsentiert einen Katalog an handlungsleitenden Regeln, Normen und Geboten, die auf Konvention, Sitte, Tradition, Übereinkunft oder Autorität bauen. Gründen Handlungen auf Reflexion oder Einsicht, so wird statt von Moral auch von Moralität gesprochen (Pieper 2000, S. 24ff).

Das primäre Ziel der Ethik als Wissenschaft ist die Entwicklung und Begründung einer Theorie der Moral und damit des moralischen Handelns. Sie ist damit, obgleich Teildisziplin der praktischen Philosophie, ebenso theoretisch wie die Subdisziplinen der theoretischen Philosophie. Und ebenso gehört somit auch das Auffinden grundlegender, allgemeiner Prinzipien zu ihren Aufgaben. Das sicherlich bekannteste Beispiel eines solchen ethischen Prinzips oder Grundsatzes ist der kategorische Imperativ von Immanuel Kant: »Handle nur nach derjenigen Maxime, durch die du zugleich wollen kannst, daß sie ein allgemeines Gesetz werde« (Kant 1785, *GMS*, AA IV, S. 421). Kant selbst bezeichnet diesen unbedingten und damit allgemeingültigen Imperativ auch als Gesetz oder Prinzip der Sittlichkeit (a.a.O. S. 420, 426 u.a.).

Während die Ethik bereits seit der Antike eine Teildisziplin der Philosophie ist, ist die Technikethik eine noch sehr junge Teildisziplin der Philosophie - genauer: der praktischen Philosophie. Ihr Gegenstand ist die Praxis des Menschen im Bereich der Technik unter dem Gesichtspunkt der Moral. Eine Technikethik kann und sollte auf der allgemeinen Ethik aufbauen. Sie muss also das Rad nicht neu erfinden. Denn ihre Prinzipien und Grundsätze folgen zumeist durch Anwendung der Prinzipien und Grundsätze der allgemeinen Ethik auf die speziellen moralischen Fragen und Probleme im Bereich der Technik. Sie wird daher auch als angewandte Ethik bezeichnet. Seit einigen Jahren ist ein beachtlicher Boom an angewandten Ethiken zu beobachten. So gibt es heute kaum einen Bereich, der nicht seine eigene angewandte Ethik hat: Architekturethik, Bioethik, Computerethik, Designethik, Informationsethik, Klimaethik, Medienethik, Medizinethik, Nanoethik, Planungsethik, Politische Ethik, Polizeiethik, Rechtsethik, Risikoethik, Roboterethik, Sportethik, Technikethik, Tierethik, Umweltethik, Unternehmensethik, Wehrmedizinische Ethik, Wirtschaftsethik, Wissenschaftsethik und andere mehr. Dabei ist der Begriff der angewandten Ethik strittig. Denn welche der vielen existierenden und teilweise widerstreitenden Ethiktheorien soll in den jeweiligen angewandten Ethiken zur Anwendung kommen? So stehen in einer ersten groben Einteilung bereits die teleologische und deontologische Ethik im Konflikt. Erstere bemisst den moralischen Wert einer Handlung am Handlungserfolg, letztere an der Motivation, am Willen oder an der Pflicht, welche die Handlung leiten. In einer feineren Einteilung finden sich weiterhin die utilitaristische Ethik, die Diskursethik, die Tugendethik, die hedonistische Ethik, die vertragstheoretische Ethik und außerhalb der Philosophie, die theologische Ethik. Zudem gibt es die Differenzierung in deskriptive und normative Ethik. So können alle soeben genannten Ethikarten

## 1 Ethik und Moral – Allgemeine und Angewandte Ethik

letztendlich entweder deskriptive oder normative Ziele verfolgen. Gibt es damit, je nachdem welche Ethik angewandt wird, eine utilitaristische, eine diskursbezogene, eine tugendbasierte und eine pflichtbezogene Technikethik? Oder wird hier je nach Erfordernis mal die eine und mal die andere angewandt? Um dieser Schwierigkeit zu entgehen, scheint es sinnvoll, statt von angewandten Ethiken von Bereichsethiken zu sprechen, denn es ist »nicht ausgeschlossen, daß für verschiedene Bereiche menschlicher Praxis unterschiedliche normative Kriterien angemessen sind« (Nida-Rümelin 2005, S. 63). Aber auch für Bereichsethiken sind die allgemeinen Ethiken grundlegend. Denn es gibt augenscheinlich keinen Sinn, in ihnen beispielsweise das bereits in den allgemeinen Ethiken begründete Verbot des Lügens erneut zu begründen. Wenn dieses Verbot plausibel und allgemein begründet ist, dann sollten auch Techniker und Ingenieure nicht lügen. Zweifellos hat das Lügen in den unterschiedlichen Bereichen unterschiedliche Konsequenzen und mitunter kann eine Notlüge sogar als geboten erscheinen. In diesem Fall ist aber allein die Notlüge und damit die Abweichung vom Verbot des Lügens plausibel zu begründen, nicht aber erneut das Lügenverbot.

Mit der Zahl der Bereichsethiken wächst die Gefahr, dass diese selbst untereinander konfligieren und widersprechen. Es sind Konflikte die wiederum nur auf einer Metaebene gelöst werden können, welche erneut durch die allgemeine(n) Ethik(en) repräsentiert wird. Bei diesem Wirrwarr an Ethiken, angewandten Ethiken und Bereichsethiken stellt sich die Frage nach dem Zweck des vorliegenden Kapitels. Denn wenn der Bereich der Technik bereits durch die Ethiken im Allgemeinen und die Technikethiken im Besonderen erschlossen ist, worin besteht dann der Sinn noch eine weitere Technikethik zu begründen - nämlich eine im cusanischen Geist? Die Antwort lautet: Die in diesem Kapitel rekonstruierte cusanische Technikethik zielt nicht darauf, den bereits bestehenden Technikethiken eine weitere hinzuzufügen und so die verwirrende Vielfalt noch zu vergrößern. Es wird vielmehr gezeigt, dass im Gesamtwerk des Cusanus technikethisches Gedankengut schlummert, das aufgrund seiner Aktualität verdient beachtet zu werden. Und zwar in der Weise, dass es bestehende Technikethiken bereichern kann. Und zwar auch dann, wenn diese Bereicherung zum Teil nur darin besteht, an bereits Vergessenes zu erinnern, beispielsweise an die Kardinaltugenden. Denn gerade letztere erweisen sich im Licht der

Gegenwart keineswegs als antiquiert. Im Gegenteil: Für nachhaltige technische Entwicklungen haben die Kardinaltugenden - und nicht nur diese - geradezu die Qualität ethischer Prämissen.

Cusanus hat kein eigenständiges ethisches Werk verfasst. Vielmehr finden sich seine ethischen Überlegungen, Gedanken und Begriffe an vielen Stellen in seinem Gesamtwerk, die aber zunächst kein zusammenhängendes Bild ergeben. Die Ethik des Cusanus ist daher allererst aus seinem Gesamtwerk zu extrahieren und zu einem kohärenten Bild zusammenzufügen. Eine solche Rekonstruktion gibt vor allem Isabelle Mandrella in ihrem 2011 publizierten Buch *Viva imago. Die praktische Philosophie des Nikolaus Cusanus* (Mandrella 2011, vgl. auch Senger 1970). In den folgenden Abschnitten kann daher auf eine vollständige Rekonstruktion verzichtet und der Blick von Beginn an auf ihre technikethischen Implikationen gerichtet werden.

## 2 TECHNIK ALS HANDELN UND ETHIK ALS ERFINDUNG DES MENSCHEN

Im Kapitel II wurde die Frage nach dem Wesen der Technik gestellt. Es ist eine Frage, die zur theoretischen Philosophie gehört und damit zunächst scheinbar keine Bedeutung für die Ethik als Teildisziplin der praktischen Philosophie hat. Es wurde jedoch gezeigt, dass Cusanus Technik als eine menschliche Kunst - als ars humana - und damit als Handlung begründet. Technik ist folglich notwendig an menschliches Handeln geknüpft. Ohne menschliche Handlungen gäbe es keine Technik. Menschliches Handeln erweist sich folglich als ein Wesensmerkmal aller Technik. Dies aufgezeigt zu haben gehört zweifelsfrei zu den herausragenden technikphilosophischen Leistungen von Cusanus, die ihn zugleich als außerordentlich modern ausweisen. In ähnlicher Weise beschreibt heute der Verband Deutscher Ingenieure (VDI) den Begriff der Technik und zwar in seiner 1991 publizierten Richtlinie *Technikbewertung - Begriffe und Grundlagen*. Diese Richtlinie hebt sowohl den dinglichen Charakter als auch den Handlungscharakter der Technik hervor: »Die Technik umfasst: - die Menge der nutzorientierten, künstlichen, gegenständlichen Gebilde (Artefakte oder Sachsysteme); - die Menge menschlicher Handlungen und Einrichtungen, in denen Sachsysteme entstehen; - die Menge menschlicher Handlungen, in denen Sachsysteme verwendet werden« (VDI 1991, S. 2). Doch was folgt daraus? Wenn Technik eine

## 2 Technik als Handeln und Ethik als Erfindung des Menschen

Handlungsweise ist, dann gibt es keinen Grund, technische Handlungen nicht ebenso moralischen Regeln zu unterstellen wie Alltagshandlungen.[1]

Technische Sachsysteme und Artefakte sind moralisch neutral, technische Handlungen nicht. Der Bereich der Technik ist somit nicht wertneutral oder wertfrei, sondern eingebunden in einen humanen, gesellschaftlichen und damit moralischen Kontext. Technik wird damit zum Gegenstand der Ethik im Allgemeinen und der Technikethik im Besonderen. Dieser Weg der ethischen Behandlung von Technik wird also bei Cusanus in der Tat bereits vorbereitet, auch wenn er ihn als Kind seiner Zeit und aufgrund höherer theologischer und philosophischer Interessen nicht geht.

Der Mensch ist frei. Und er hat einen Geist. Sein ›Geist hat Freiheit, weil er das Abbild Gottes ist‹ (NvK *Sermo* CCLI, n. 15). Beides zusammen sind die notwendige Bedingung dafür, dass der Mensch erfinderisch tätig werden und Neues schaffen kann. Freiheit ist eine conditio humana aller menschlichen Erfindungen. Und sie ist eine Grundbedingung moralischen Handelns. Sie ist, kantianisch gesprochen, eine Bedingung der Möglichkeit moralischen Handelns (Franz 2014, S. 214f). Denn ohne sie würde der Mensch, wie Cusanus plausibel begründet, nur dem Anstoß der Natur folgen und damit ebenso wie ein Stein, der nach oben gehoben und fallen gelassen wird, allein den physikalischen Naturgesetzen folgen (Kapitel II, Abs. 3.3 und 4.1). Die Freiheit des Menschen, die der Mensch gemäß dem Theologen Cusanus von Gott erhalten hat, ermöglicht ihm ebenso schöpferisch tätig zu werden und Neues zu schaffen wie Gott (Kapitel II Abs. 3.3). Und zu diesen Erfindungen des Menschen gehören nicht nur stoffliche, sondern auch geistige Produkte und damit alle Wissenschaften einschließlich ihrer Theorien und Begriffe. Folglich ist auch die Ethik als Wissenschaft der Moral (moralibus scientiis) ein genuines Schöpfungsprodukt des Menschen – und mit ihr auch alle ethischen Prinzipien, Gesetze, Theorien, Grundsätze und Begriffe sowie alle moralischen Regeln, Gebote und Normen. Dies bedeutet, der Mensch kann aus eigener, geistiger Kraft ethische Prinzipien und moralische Regeln entwickeln und begründen. Beachtlich ist, dass Cusanus, der als Theologe,

---

[1] Unter dem Begriff der technischen Handlung wird hier der schöpferische Akt des Erfindens und des Hervorbringens technischer Produkte oder Kunstprodukte verstanden. Im weiteren Sinne schließt dieser Begriff aber auch die Handlungen der Nutzer von technischen Produkten ein.

Kapitel III Die Technikethik des Cusanus

Bischof und Kardinal hohe kirchliche Ämter innehatte, hier die Tür zu einer philosophischen, rationalen Ethik - zu einer Vernunftethik - öffnet. Zu ihren Schlüsselbegriffen gehören im Einklang mit seinem Gesamtwerk die Gleichheit, die Gerechtigkeit, die Goldene Regel und die Tugend, vor allem die Kardinaltugenden. Obwohl alle diese ethischen Schlüsselbegriffe geistige Erfindungen des Menschen sind, haben sie - was nicht verwunderlich ist - für den Kardinal Cusanus auch eine Deutung im Theologischen. Und diese theologische Deutung trägt er in gleicher argumentativer Schlüssigkeit vor wie ihre philosophische. So findet der ethische Begriff der Gleichheit, wie er beispielsweise im Artikel 1 der Allgemeinen Erklärung der Menschenrechte zum Ausdruck kommt, seine theologische Entsprechung in der Gleichheit von Gott, dem Vater, mit seinem Sohn. Die theologische Gleichheit steht für Cusanus im Rang eines vollkommenen Urbildes oder Musters, wohingegen es auf Erden nur unvollkommene Abbilder dieses Urbildes und somit nur Ähnlichkeiten gibt. Ebenso verhält es sich mit der Gerechtigkeit, die auf Erden gleichfalls nur unvollkommen anzutreffen ist. Cusanus verknüpft damit zugleich die moralische Forderung, nichts unversucht zu lassen, die irdische Gerechtigkeit beständig zu vervollkommnen. Eine Forderung, die in säkularisierter Form auch für den Bereich der Technik ethisch bedeutend ist. Denn auch in diesem Bereich sind Gerechtigkeit und Gleichheit unbedingte ethische Prinzipien.

Da im Werk des Cusanus philosophische und theologische Deutungen Hand in Hand gehen, wird im Folgenden darauf zu achten sein, von den theologischen bzw. christologischen Deutungen seiner ethischen Schlüsselbegriffe weitestgehend zu abstrahieren, da sonst die Gefahr besteht, das Ziel einer allgemeinen, rationalen Technikethik im cusanischen Geist zu verfehlen. Dennoch wäre es sicherlich interessant, aus dem Werk des Cusanus exemplarisch auch eine christliche Technikethik abzuleiten, die selbstverständlich - nicht wie eine rationale - Anspruch auf Allgemeingültigkeit beanspruchen kann. Im Abschnitt 8 wird darauf nochmals eingegangen.

### 3 Gleichheit, Gerechtigkeit und Goldene Regel

Der Begriff der Gleichheit ist vermutlich der zentralste Begriff der cusanischen Ethik, da alle anderen Begriffe seiner Ethik auf ihn zurückgehen. Ihm hat Cusanus ein

## 3 Gleichheit, Gerechtigkeit und Goldene Regel

eigenständiges, gleichnamiges Werk gewidmet: *De aequalitate* (Die Gleichheit). In diesem Werk begründet Cusanus den Rekurs der Gerechtigkeit (iustitia) auf die Gleichheit. Die Gleichheit ist damit das Fundament der Gerechtigkeit. Ohne sie gibt es keine Gerechtigkeit. Denn Gerechtigkeit ist Gleichheit herstellen. Wie bereits im vorigen Abschnitt angemerkt, findet sich nach Cusanus die absolute Gleichheit nur bei Gott. Auf der Erde gibt es dagegen nur Ähnlichkeiten. So gleicht kein Blatt am Baum vollkommen dem anderen und kein Steinchen am Strand vollkommen dem anderen; sie sind stets nur ähnlich. Daher gibt es auf Erden auch keine vollkommene Gerechtigkeit. Dies bedeutet nach Cusanus nicht, dass wir verzagen müssen, sondern vielmehr unentwegt nach Vollkommenheit streben sollen, wohlwissend, dass wir diese endgültig nie erreichen werden. Aber wir *können* und *sollen* uns bemühen, die Welt immer gerechter zu machen - auch im Bereich der Technik.

Das ethische Prinzip, das die Gleichheit und damit die Gerechtigkeit am besten widerspiegelt, ist nach Cusanus die Goldene Regel (vgl. Mandrella 2011, S. 108-110). Cusanus zitiert sie mehrfach sowohl in negativer als auch in positiver Form, beispielsweise im *Compendium*: »Was du willst, daß man dir tu, das tu auch dem andern!« (NvK *compendium*, c. X, n. 34).[2] Das Gesetz der Goldenen Regel ist ein »Abglanz der Gleichheit« (ebd.), was erneut die zentrale Bedeutung der Gleichheit als Prämisse seiner Ethik unterstreicht. Die Goldene Regel hat ihren Ursprung bereits lange vor Cusanus. Sie findet sich nicht nur in der Bibel, beispielsweise bei Matthäus 7, 12, sondern bereits in vorchristlicher Zeit (Krieger & Thomas 2007, S. 23ff). In der christlichen Theologie kommt sie im höchsten Gebot zum Tragen: »Du sollst deinen Nächsten lieben, wie dich selbst« (Matthäus 22, 36-39). Die besonders für die Nachhaltigkeitsdebatte - auch im Bereich der Technik - bedeutsame Verknüpfung der Trias von Gerechtigkeit, Gleichheit und Goldener Regel findet sich allerdings in dieser Deutlichkeit erst bei Cusanus (Kapitel IV). Die Goldene Regel ist wie alle Regeln ein Schöpfungsprodukt des Menschen. Zugleich ist sie ihm gemäß Cusanus aber auch angeboren, da sein Geist ein Abbild des göttlichen Geistes ist. »Daher erkennt der

---

[2] Die Goldene Regel wird von Cusanus u.a. auch in den folgenden Werken aufgeführt: *De aequalitate*, n. 27; *De coniecturis* II, c. XXII, n. 183; *De docta ignorantia* III, c. VI, n. 216; *De pace fidei*, c. XVI, n. 59, *Sermo* XXIV, n. 39 und *Sermo* CCLXXII, n. 22.

Mensch von Natur aus das Gute, das Gleiche, das Gerechte und Richtige« (NvK *compendium*, c. X, n. 34). Er besitzt dazu das geistige oder intellektuelle Vermögen.

Das Symbol der Gleichheit und Gerechtigkeit ist die Waage, dessen sich auch Cusanus zur Veranschaulichung seiner Gedanken gerne und häufig bedient. »Die intellektuelle Gerechtigkeit ist eine lebendige Waage. Allein der Mensch erfindet durch den Intellekt mittels der Waage die gerechten Gewichte und Maße der Dinge. Der Intellekt ist also Richter oder lebendige Waage« (NvK *Sermo* CCXLVIII, n. 6, 7-11; Mandrella 2011, S. 164f).[3] Man beachte das Verb *erfindet* (invenit), das den Menschen als Schöpfer des Begriffs der Gerechtigkeit ausweist. Auch die Prädikation der Gerechtigkeit als *intellektuelle* und die der Waage als *lebendige* weisen darauf hin. Gerechtigkeit und darauf aufbauend das Recht sind ergo menschliche Erfindungen und entspringen somit ebenso der menschlichen Kunst (ars humana), wie die Technik und alle Wissenschaften. Als solche kann sie wie jedes andere künstliche Schöpfungsprodukt des Menschen nicht vollkommen sein, denn allein Gott ist vollkommen. Der Mensch ist somit aufgerufen, seinen Begriff der Gerechtigkeit beständig weiter zu entwickeln und ihn sukzessive zu vervollkommnen. Der Begriff der Gerechtigkeit ist also kein statischer, sondern ein dynamischer. Er hat damit das Potential zur Veränderung, zur Verbesserung und zur Vervollkommnung. Auch darauf verweist das Adjektiv *lebendig*. Die Waage der Gerechtigkeit sollte daher weder links noch rechts zu tief geneigt sein. Gerechtigkeit herstellen heißt damit, den Weg der Gleichheit und damit - in Übereinstimmung mit Aristoteles (Aristoteles *Nikomachische Ethik*, 2. Buch, c. 6, 1107a) - den Weg der Mitte gehen; sicherlich auch ein für technische Entwicklungen sinnvolles, moralisches Gebot.

Der mittlere Weg, der Extreme meidet und damit metaphorisch die Waage im Gleichgewicht hält, ist nach Cusanus der richtige und sichere Weg. »[I]n der Mitte der Gleichheit wirst du auf dem sichersten Weg sein« (NvK *de coniecturis* II, c. XVII, n. 183). Menschliches Handeln, das den Weg der Mitte wählt, ist im Sinne von Cusanus,

---

[3] Auf dieses Zitat wurde ich durch einen von Isabelle Mandrella erstellten Reader aufmerksam, der dem Arbeitskreis *Praktische Philosophie* der *Gesellschaft für Philosophie des Mittelalters und der Renaissance* als Grundlage zur Auseinandersetzung mit dem Thema *Die praktische Philosophie des Nicolaus Cusanus* diente. Diese Auseinandersetzung wurde im Rahmen eines von Mandrella organisierten und moderierten Arbeitskreistreffens in Bernkastel-Kues am 17./18. März 2011 geführt.

übereinstimmend mit Aristoteles, tugendvolles Handeln und als solches moralisches Handeln. Denn: »Nimmt man die Gleichheit weg, so schwindet die Klugheit, die Mäßigung und jede Tugend, denn diese besteht in der Mitte, d.h. Gleichheit« (NvK *de aequalitate*, n. 27). Dies bedeutet, dass in der »Gleichheit alle sittliche Kraft eingefaltet ist und daß es keine Tugend geben kann als in der Teilhabe an dieser Gleichheit« (NvK *de coniecturis* II, c. XVII, n. 183). Wenn es folglich gelingt, die sittliche Kraft für eine gerechte Welt zu entfalten und den dazu sicheren Weg einzuschlagen, dann kann eine Welt gestaltet werden, in der alle Menschen die gleiche Chance eines menschenwürdigen Lebens haben. Die ethische Bedeutung des cusanischen Werks für die gegenwärtigen Fragen und Probleme besteht somit darin, die enge und untrennbare Verknüpfung der Gleichheit mit der Gerechtigkeit, der Mäßigung, dem Guten, dem Richtigen und der sittlichen Kraft in Erinnerung zu rufen.

Werden Gleichheit, Gerechtigkeit und die Goldene Regel als Prinzipien der cusanischen Ethik bzw. Technikethik aufgefasst, so lassen sich daraus moralische Regeln technischen Handelns ableiten, wie exemplarisch die drei Regeln (4), (9) und (10) des Ethikkodex für Techniker und Ingenieure zeigen (Abs. 7). Denn auch im Bereich technischer Entwicklung sind Fragen der Gerechtigkeit und Gleichheit von starker Bedeutung. So sind Nutzen und Lasten technischer Entwicklungen häufig ungleich und ungerecht verteilt. Dies wird besonders bei technischen Großprojekten augenscheinlich, wie beispielsweise beim Bau neuer Flughäfen oder Startbahnen. Hier tragen die Fluggäste und Betreiber den Nutzen, während die Anwohner die Last einer erhöhten Lärmbelästigung tragen.

Würde man vor die Aufgabe gestellt sein, die cusanische Ethik/Technikethik unter einem Titel zusammenzufassen, so wäre aufgrund der Dominanz des ethischen Begriffs der Gleichheit, der Titel *Ethik der Gleichheit* sicherlich ein geeigneter Kandidat.

## 4 DIE KARDINALTUGENDEN

Die vier Kardinaltugenden Einsicht/Weisheit, Maßhalten/Besonnenheit, Tapferkeit und Gerechtigkeit haben zwar ihren Ursprung in der griechischen Philosophie, liegen aber als wohlbringende menschliche Erfindungen ganz auf der Linie der Ethik des Cusanus (vgl. Mandrella 2011 S. 60, 62 und 67). Sie gelten heute als antiquiert und

Kapitel III  Die Technikethik des Cusanus

finden daher in den meisten ethischen Positionen keine Beachtung oder nur eine sehr marginale. Dabei sind sie gar nicht so antiquiert, wie sie auf den ersten Blick erscheinen. Im Gegenteil: Gerade bei den zu lösenden Fragen und Problemen im Bereich nachhaltiger technischer Entwicklungen nehmen sie den Rang unabdingbarer ethischer Prämissen ein. Damit sind sie zugleich hochaktuell. Dies wird vor allem im Kapitel IV dieses Buches begründet, das der Frage nachgeht, ob Cusanus ein früher Wegbereiter der Nachhaltigkeit ist. Bezogen auf den Bereich technischer Entwicklungen stellt sich diese Begründung in Kürze wie folgt dar: (i) Die Kardinaltugend der Gerechtigkeit ist ein Schlüsselbegriff nachhaltiger technischer Entwicklungen. Denn zu ihren Leitzielen gehören u.a. die gerechte Verteilung der Ressourcen und der technikbedingen Umweltlasten, die soziale Gerechtigkeit und die gerechte Entlohnung beispielsweise bei der Ressourcengewinnung, der Produktion und dem Recycling. (ii) Maßhalten in der Nutzung von Energie und Material sowie im Konsum ist ein weiteres Leitziel. (iii) Die Kardinaltugend der Einsicht ist sogar in mehrfacher Hinsicht für die Nachhaltigkeit im Bereich der Technik von Bedeutung: Einsicht in die Notwendigkeit nachhaltiger Technikentwicklung, Einsicht in die Begrenztheit fossiler Ressourcen, Einsicht in die Verletzlichkeit der Erde als Lebensgrundlage für Mensch und Tier, Einsicht in die Begrenztheit und Unvollkommenheit des menschlichen Erkenntnisvermögens und folglich die Einsicht in die grundsätzliche Unvermeidbarkeit epistemischer Irrtümer und poietischer Fehler. (iv) Tapferkeit ist bei nachhaltigen technischen Entwicklungen vor allem beim Beschreiten neuer Wege, beim Vorschlagen unkonventioneller Ideen und beim Äußern von Kritik bezüglich Missständen eine unabdingbare moralische Tugend.

Es sei an dieser Stelle noch ergänzt, dass auch die Kardinaltugenden der Tapferkeit und des Maßhaltens ebenso auf dem ethischen Prinzip der Gleichheit gründen, wie die der Gerechtigkeit. Denn auch bei diesen beiden erweisen sich ganz im Sinne des Cusanus ein Zuviel und ein Zuwenig als der falsche Weg und derjenige, bei dem die Waage in der Mitte verharrt, als der richtige. Für die Kardinaltugend der Weisheit scheint die Symbolik der Waage dagegen nicht zu greifen, denn ein Zuviel davon schadet zumeist nicht. Daher ist das unaufhörliche Streben nach Weisheit auch ganz im Sinne des Cusanus.

Insgesamt zeigt sich, dass die Kardinaltugenden gleichfalls als ethische Prinzipien einer cusanischen Ethik und Technikethik gelten dürfen. Denn auch sie ermöglichen, konkrete moralische Regeln abzuleiten, wie beispielsweise einige der Regeln des Ethikkodex für Techniker und Ingenieure im cusanischen Geist zeigen (Abs. 7).

## 5 PRAKTISCHE IMPLIKATIONEN DER CUSANISCHEN THEORETISCHEN PHILOSOPHIE

Können aus der theoretischen Philosophie des Cusanus - insbesondere aus seiner im vorigen Kapitel konzipierten Philosophie der Technik praktische Schlüsse für das Handeln im Bereich der Technik gezogen werden? Die Antwort lautet Ja, auch wenn hier mit dem Stichwort *naturalistischer Fehlschluss* Bedenken berechtigt erscheinen (siehe unten). Zunächst soll aber das eindeutige Ja mittels drei Resultaten aus seiner theoretischen Philosophie gerechtfertigt werden.

(i) Cusanus begründet die natürliche Endlichkeit und Unvollkommenheit menschlicher Fähigkeiten in epistemischer und poietischer Hinsicht (Kapitel II). Diese inhärente, natürliche Endlichkeit der ars humana ist der Urgrund aller unvollkommenen und ungenauen technischen Artefakte und somit aller unerwünschten und kontranachhaltigen Technikfolgen. Die Konsequenz dieser Endlichkeit ist dreifach: (a) Der Mensch vermag erstens grundsätzlich nicht in Vollkommenheit zu erkennen und vorherzusehen, wie sich seine Artefakte in die nähere Umwelt oder gar ins Weltganze einfügen und welche Wechselwirkungen sie mit der Umwelt oder dem Weltganzen eingehen. (b) Er vermag zweitens per se nicht in Vollkommenheit zu erkennen, wie sich seine Artefakte in das Ganze aller anderen Artefakte einfügen und welche Wechselwirkungen sie mit den anderen Artefakten eingehen. Die unerwünschte Wechselwirkung verschiedener Medikamente ist hierfür ein bekanntes Beispiel. Dem Menschen ist in beiden Fällen (a und b) eine natürliche, epistemische Grenze gesetzt. (c) Drittens vermag der Mensch aufgrund seiner Endlichkeit seine Ideen niemals in vollkommener Weise zu realisieren oder sinnfällig zu machen. Denn er hat »die mechanische Kunst und hat die Gestalten der Kunst wahrer in seinem geistigen Begriff, als sie nach außen hin gestaltbar sind, wie ein Haus, das auf Grund der Kunst entsteht, eine wahrere Gestalt im Geist als in den Hölzern hat« (NvK, *de beryllo* c. 33,

n. 56). Ähnlich lässt Cusanus auch seinen Löffelschnitzer in *Idiota de mente* (c.2, n. 6) argumentieren (siehe Kapitel II). Alle menschlichen Schöpfungsprodukte sind somit per se im höheren oder geringeren Grade unvollkommen. In Anlehnung an Aristoteles kann die damit verbundene Grenze als poietische Grenze bezeichnet werden, wobei Poiesis für die Kunst des Menschen steht, Dinge herzustellen. Der Mensch kann grundsätzlich nicht einmal ein Artefakt in genau der gleichen Weise reproduzieren, wie ein bereits vorhandenes Muster, da nach Cusanus die Attribute Gleichheit und Genauigkeit in ihrer Absolutheit nur Gott zukommen, oder sakral übersetzt, eine platonische Idee sind. Auf der Erde gleicht daher kein Artefakt vollkommen dem anderen. Die Unvollkommenheit und Ungenauigkeit der Artefakte mögen in den meisten Fällen marginal sein. Sie vermögen aber auch - wie die Geschichte der Technik lehrt - die Quelle unerwünschter und gar katastrophaler Auswirkungen für Mensch und Natur sein. Aufgrund dessen, dass die Unvollkommenheit und Endlichkeit zum Wesen des Menschen gehört, sind Fehler im technischen Handeln und daher unerwünschte Technikfolgen grundsätzlich nicht auszuschließen. Es scheint, dass dies bei technischen Entwicklungen hin und wieder vergessen wird. Technische Entwicklungen erfordern daher ein Bewusstsein für ihre epistemische und poietische Grenze. Diese aus der cusanischen Philosophie der Technik abgeleitete praktische Forderung gilt erst recht, wenn sie den Anspruch auf Nachhaltigkeit erheben. Es ist eine moralische Forderung, da sie letztendlich keinen anderen Zweck als das Wohlergehen des Menschen und seiner Lebensgrundlagen gebietet.

(ii) Technische Entwicklungen bereichern die natürliche Umwelt des Menschen mit künstlichen Produkten, was nicht immer zum Vorteil der natürlichen Umwelt ist. Welche Rolle diese im Weltganzen entfalten, kann letztendlich nur aus dem Blickwinkel des Ganzen heraus beurteilt werden. Genau an dieser Stelle kommt erneut Cusanus ins Spiel. Denn der wechselseitige Blick vom Ganzen auf seine Teile und vice versa nimmt in seinem Gesamtwerk im Begriffspaar complicatio-explicatio eine zentrale Rolle ein. Allerdings untersucht Cusanus als Kind seiner Zeit das Weltganze nicht unter dem Aspekt technischer Entwicklungen, sondern aus dem der Theologie und Philosophie. Denn die Erkenntnis des Weltganzen und seiner Teile ist für Cusanus eine Vorstufe zur Erkenntnis Gottes. Dass die Erkenntnis des Weltganzen in

## 5 Praktische Implikationen der cusanischen theoretischen Philosophie

Anbetracht der zum Teil beträchtlichen Technikfolgen auch einmal für die Erhaltung des Weltganzen von Bedeutung sein wird, konnte er noch nicht erahnen. Cusanus begründet das Ganze als Maß seiner Teile und zwar sowohl für das natürliche Weltganze als auch für alle menschlichen und somit künstlichen Schöpfungsprodukte, wie beispielsweise der schon genannte Löffel (NvK *de mente*, c. 10, n. 127). Daher kann das, was ist, in seiner Bedeutung, Funktion und Wirkung nur dann erkannt und begriffen werden, wenn zuvor das übergeordnete Ganze erkannt und begriffen wird, also letztendlich das Ganze und Eine der Welt. Dies gilt uneingeschränkt auch für alle technischen Entwicklungen und ihre künstlichen Schöpfungsprodukte. Sie sind stets aus der erweiterteren Perspektive des Ganzen zu betrachten und im Hinblick auf ihre Folgen auf das Ganze zu beurteilen und zu prüfen. Kurzsichtigkeit kann sich bei technischen Entwicklungen fatal auswirken. Das Werk des Cusanus kann als Mahnung und Erinnerung verstanden werden, bei allen menschlichen Schöpfungshandlungen den Blick auf das Ganze - als eine Selbstverständlichkeit - nicht aus den Augen zu verlieren. Es ist eine gleichfalls aus seiner theoretischen Philosophie abgeleitete praktische Konsequenz die als ethisches Gesetz gedeutet werden kann, da dieses Gesetz letztendlich das Gute für den Menschen und seine Umwelt einfordert.

(iii) Das sicherlich bekannteste Werk des Cusanus ist seine *De docta ignorantia* (Die belehrte Unwissenheit). Da diesem Werk ein eigenes Kapitel gewidmet ist (Kapitel VI) wird hier nur in Kürze das für eine Technikethik wichtigste Resultat wiedergegeben. Es ist die in diesem Werk ausgesprochene Forderung, sich bezüglich seines Unwissens zu belehren. Denn in der Tat wissen wir über unser Weltganzes immer noch sehr wenig. Unser Unwissen überwiegt unser Wissen, obgleich wir mitunter meinen, fast alles zu wissen. Doch diese Meinung trügt und führt nicht selten zur unbescheidenen Einschätzung, alles im Griff zu haben und alle Probleme irgendwie technisch lösen zu können. Die Belehrung über unsere Unwissenheit mahnt uns nicht, unsere technischen Entwicklungen einzustellen, was ganz und gar nicht im Sinne von Cusanus wäre. Sie mahnt vielmehr dazu, in unseren technischen Entwicklungen bescheidener zu werden. Dies schließt ein, nicht alles zu realisieren, was realisiert werden kann, bei allen technischen Entwicklungen stets auch die Folgen zu beachten, die zumeist selbst wieder Resultat unser Unwissenheit sind, und bei allen technischen Entwicklungen nicht allein die Funktionalität und Wirtschaftlichkeit im Blick zu haben, sondern den Menschen und seine Lebensgrundlagen. In diesem Sinne offenbart sich auch die belehrte Unwissenheit als technikethisches Konzept.

Insgesamt wird aus den drei betrachteten Resultaten der cusanischen theoretischen Philosophie deutlich, dass sie auch für die Praxis im Bereich der Technik und damit für eine Technikethik fruchtbar sind. Die cusanische Philosophie der Technik ermöglicht ethische Implikationen aus denen moralische Regeln für das Handeln im Bereich der Technik abgeleitet und für einen Ethikkodex für Techniker und Ingenieure genutzt werden können (siehe unten).

Zu Beginn dieses Abschnitts wurde das Bedenken formuliert, dass mit der Überführung von Resultaten aus der theoretischen Philosophie in die praktische ein naturalistischer Fehlschluss (naturalistic fallacy) begangen wird. Es geht somit um die Frage: Können präskriptive Aussagen aus deskriptiven Aussagen deduziert werden? Kann aus dem *Sein* auf ein *Sollen* und aus dem, was *ist*, auf das, was sein *soll*, geschlossen werden? Wird beispielsweise empirisch ermittelt, dass fünfzig Prozent der bundesdeutschen Bevölkerung übergewichtig ist, so ist dies ein Fakt. Und die dazugehörige Aussage, dass dies der Fall *ist*, ist eine deskriptive Aussage. Daraus kann sicherlich nicht präskriptiv geschlossen werden, dass dies so sein *soll*. Dieser logisch unzulässige Übergang vom Sein zum Sollen wird als naturalistischer Fehlschluss bezeichnet. Aber er ist umstritten, zumindest in seiner Allgemeingültigkeit und in seiner vorausgesetzten scharfen Trennung von deskriptiv und präskriptiv. In der griechischen Philosophie waren Theorie und Praxis eng verknüpft. Das Streben nach Theorie war durch die praktische Frage beseelt, wie man leben soll, wenn man ein gutes und glückliches Leben führen möchte. Bei den Stoikern wurde die beobachtete Ordnung und Harmonie der Natur zum praktischen Maßstab für ein ebenso geordnetes, harmonisches und zufriedenes Leben. Die Natur, so wie sie *ist*, bestimmte, wie der Mensch leben *soll*, wenn er glücklich leben möchte. Dies scheint den folgenden Schluss zu erlauben: »Theoretische Sätze und praktische Sätze sind nicht zu trennen, denn sie stehen in einem Abhängigkeitsverhältnis« (Franz & Rotermundt 2009, S. 13).

Es gibt häufig faktische Zusammenhänge, die nach gesundem Menschenverstand zwar zweifelsfrei der Fall sind, aber die man dennoch nicht wahr haben möchte. So ist

## 5 Praktische Implikationen der cusanischen theoretischen Philosophie

beispielsweise der Mensch aufgrund seiner ureigenen Natur nicht allwissend und auch nicht allmächtig. Und es wird auch nie der Fall sein. Das menschliche Erkenntnisvermögen ist per se endlich und diese Endlichkeit und Unvollkommenheit gehört zum Wesen des Menschen und somit zum Menschsein. Aber dennoch scheinen viele Menschen immer wieder zu vergessen, so lehrt es zumindest die Erfahrung, dass dies der Fall ist. Und da dies häufig nicht zum Nutzen, sondern zum Schaden ist, liegt es nahe, aus diesem Fakt oder aus dieser deskriptiven Aussage eine präskriptive abzuleiten: Du sollst dir, um unnötigen Schaden zu vermeiden, beständig in Erinnerung rufen, dass du von Natur aus nicht allwissend und allmächtig und daher niemals frei von Fehlern und Irrtümern bist. Was spricht gegen eine solche Überführung einer deskriptiven Aussage in eine präskriptive oder normative? Dagegen spricht nur eines: Es ist keine Ableitung im logisch-stringenten Sinne. Es ist vielmehr eine Lehre oder praktische Konsequenz. Um das eigene und gesellschaftliche Leben zu ordnen und verlässlich zu gestalten ist dies völlig hinreichend. Aus dem, was ist, kann nicht mit logischer Notwendigkeit ein Sollen abgeleitet werden. In diesem logischen Sinne liegt in der Tat ein naturalistischer Fehlschluss vor. Aber aus dem, was ist, können praktische Konsequenzen und Lehren gezogen werden. So kann beispielsweise aus der Tatsache, dass fünfzig Prozent der bundesdeutschen Bürger übergewichtig *sind*, die Konsequenz gezogen werden, dass eine breit angelegte öffentliche Aufklärung über die Gesundheitsrisiken von Übergewicht und über die gesundheitsfördernde Wirkung von sportlicher Betätigung initiiert werden *soll*.

Ein moderner Verteidiger der These, dass Deskriptives und Präskriptives einander wechselseitig bedingen, ist Wilfrid Sellars. Er »weist in seinem Gesamtwerk immer wieder darauf hin, dass praktisches und theoretisches Denken und daher deskriptive und präskriptive Aussagen nicht voneinander zu isolieren sind. Seine These lautet: Theoretisches und praktisches Denken kann man nicht trennen. Denn sie bedingen einander. Praxis ist theoriegetränkt und Theorie praxisgetränkt. Theoretische Überlegungen werden folglich durch praktische und praktische Überlegungen durch theoretische notwendig mitbestimmt« (Franz 2010, S. 224, siehe auch S. 225 und 401f). In praktische Entscheidungen (practical reasoning) für oder wider bestimmte Handlungsoptionen fließen folglich notwendig theoretische Überlegungen ein: »Practical reasoning, in a broad sense, brings about particular matters of fact, empirical generalizations, scientific laws and logical principles to bear on our values« (Sellars 1965/66, S. 175). Praktisches Denken und praktische Entscheidungen sind daher stets in theoretische Randbedingungen eingebettet und werden durch theoretische oder deskriptive Faktoren beeinflusst, beispielsweise durch Überzeugungen oder Feststellungen über bestimmte Handlungssituationen. Umgekehrt fließen Wertungen in theoretische Debatten und somit in die Wissenschaften ein. Wissenschaften sind ergo nicht wertfrei oder wertneutral, was heute auch zunehmend nicht mehr bestritten wird. Theoretisches, wissenschaftliches Denken ist folglich unauflösbar von einem praktischen Denken, von einem Denken in Regeln, Normen, Konventionen, Kriterien und Werten begleitet, und vice versa. Da dies nicht nur auf den Bereich der Wissenschaften zutrifft, sondern auf alle Lebensbereiche, kann Sellars zurecht »the inseparability, yet indistinguishability, of theoretical and practical reason in all dimensions of human life« (ebd.) behaupten. Selbst die Gesetze der Logik, als Inbegriff der Theorie, haben nach Sellars per se ein praktisches, normatives Element, z.B.: Du *sollst* von den beiden Prämissen A und A ⊃ B auf die Konklusion B schließen.

Was folgt aus diesem Exkurs in die Problematik der Relation von deskriptiv und präskriptiv bzw. von Sein und Sollen? Es folgt, dass es falsch ist, theoretische und praktische Philosophie strikt zu trennen, und dass daher deskriptive Aussagen in präskriptive einfließen können. Dabei spielt es keine Rolle, ob es sich bei den präskriptiven Aussagen um allgemeine oder bereichsspezifische moralische Regeln oder ethische Prinzipien handelt. Dies gilt auch für die Entwicklung eines Ethikkodex auf Grundlage des Werks von Cusanus. Um aus seinem Werk präskriptive Aussagen zu deduzieren, sind daher alle Teile seines Werks einzubeziehen und nicht nur die der Ethik und der Moral. Bei dem unten entwickelten cusanischen Ethikkodex für Techniker und Ingenieure wird dies berücksichtigt.

### 6 DAS ETHISCHE PRINZIP DER VERVOLLKOMMNUNG

In den bisherigen Abschnitten wurde deutlich, dass der Mensch im Wissen und Handeln unvollkommen ist. Der Mensch ist sich dessen bewusst und strebt folglich beständig danach, sich zu vervollkommnen. Da der menschliche Geist, gemäß Cusa-

## 6 Das ethische Prinzip der Vervollkommnung

nus, Abbild des göttlichen Geistes ist, ist ihm dies auch grundsätzlich möglich. Nach Vollkommenheit streben bedeutet demnach, seine ureigenen Möglichkeiten auszuschöpfen und zu entfalten. »Denn der Mensch strebt nicht nach einer anderen Natur, sondern nur danach, in der seinen vollkommen zu sein« (NvK, *docta ignorantia*, liber II, n. 169). Dieses Streben zielt aber nicht allein darauf, sein Wissen zu mehren und seine handwerklichen Fähigkeiten zu verbessern, sondern vor allem auch darauf, sich sittlich zu vervollkommnen. Da der menschliche Wille bekanntlich schwach ist, scheint es angebracht, dieses Streben durch ein Gesetz zu stützen, das dieses Streben nach Vollkommenheit vor allem nach sittlicher bzw. moralischer Vollkommenheit - allgemein fordert. Es gilt somit ohne Einschränkung auch für den Bereich der Technik. Hier fordert es auf, moralischen Regeln ebenso unbedingt zu folgen, wie in allen anderen Bereichen und im Alltag. Moralisches Handeln wird damit im Bereich der Technik, in der Sprache Kants formuliert, zur bedingungslosen, allgemeinen Pflicht.

Cusanus begründet, dass es auf Erden keine Gleichheit geben kann, sondern nur unvollkommene Abbilder des vollkommenen, göttlichen Urbildes der Gleichheit (siehe oben). Folglich gibt es auf Erden auch keine vollkommene Gerechtigkeit. Dieses Bild ähnelt der platonischen Ideenlehre, in der alles, was wir auf Erden vorfinden, lediglich unvollkommene Abbilder von vollkommenen Ideen sind. Dies ist nicht verwunderlich, denn Cusanus war ein guter Kenner der platonischen Philosophie. Er kritisierte allerdings an Platon, dass er den letzten Schritt von den Ideen zu Gott nicht ging. Der Theologe Cusanus ging diesen Schritt. Und so finden sich seine Urbilder nicht in einem Reich der Ideen, sondern allesamt bei Gott - im göttlichen Geist. Da es auf Erden keine vollkommene Gerechtigkeit gibt, ist der Mensch aufgerufen, Gerechtigkeit in allen Lebensbereichen so gut als möglich zu vervollkommnen, auch im Bereich der Technik.

Es könnten hier noch weitere Beispiele aufgeführt werden, welche die eminente Bedeutung des Begriffs der Vervollkommnung im Werk des Cusanus aufzeigen. Doch dies ist nicht erforderlich. Denn aus dem Bisherigen wird bereits deutlich, dass die Vervollkommnung als allgemeines ethisches Prinzip oder sittliches Gesetz gedeutet werden kann, aus dem moralische Maximen und Regeln abgeleitet werden können (Abs. 7). Denn es fordert nicht nur die epistemische und poietische Vervollkommnung, sondern vor allem die sittliche. Wie nicht anders zu erwarten, ist der Zweck der Vervollkommnung für Cusanus wieder primär ein theologischer: Die Annäherung an und das Einswerden mit Gott oder, säkular formuliert, das Einswerden mit dem Urbild. Denn erst in dieser Vereinigung endet alles menschliche Streben und die menschliche Seele kommt zu ihrer erhofften und ersehnten Ruhe.

Im Abschnitt 2 wurde aufgrund der Dominanz des Begriffs der Gleichheit im Werk des Cusanus als Kurzformel für seine Ethik die Bezeichnung *Ethik der Gleichheit* vorgeschlagen. Mit gleicher Begründung kann aber auch für die Formel *Ethik der Vervollkommnung* plädiert werden. Der Begriff der Vervollkommnung offenbart sich im Gesamtwerk des Cusanus ebenso als ein ethisches Prinzip, wie der Begriff der Gleichheit. Er schließt sowohl die sittliche, moralische Vervollkommnung ein als auch die epistemische und poietische. Zudem zeigt sich, dass aus diesem Prinzip gleichfalls moralische Regeln technischen Handelns abgeleitet werden können. So finden beispielsweise alle zehn moralischen Regeln technischen Handelns, die im folgenden Abschnitt vorgestellt werden, in diesem Prinzip ihren gemeinsamen Grund.

## 7 ETHIKKODEX FÜR INGENIEURE UND TECHNIKER IM CUSANISCHEN GEIST

In diesem Abschnitt wird der Versuch unternommen, einen Ethikkodex für Ingenieure und Techniker im cusanischen Geist zu entwickeln und zu begründen (vgl. Franz 2014, *Wie erstellt man einen Ethikkodex?*, S. 243ff). Dabei werden erstens die ethischen Schlüsselbegriffe der Gleichheit, der Gerechtigkeit, der Goldenen Regel (Abs. 3) und der Kardinaltugenden berücksichtigt (Abs. 4), zweitens die praktischen Implikationen aus der cusanischen Philosophie der Technik (Abs. 5) und drittens das ethische Prinzip der Vervollkommnung (Abs. 6). Des Weiteren ist es hilfreich zwei weitere Eckpunkte zu beachten oder in Erinnerung zu rufen: (i) das Verhältnis von Ethik und Moral und (ii) die Methode der Ableitung moralischer Regeln aus dem Werk des Cusanus.

(i) Ein Ethikkodex ist ein Katalog moralischer Regeln für einen bestimmten Bereich, der innerhalb dieses Bereichs allgemeine Gültigkeit beansprucht. Bekannte Beispiele sind der Code of Ethics des Institute of Electrical and Electronics Engineers

(IEEE 1990), die ethischen Grundsätze des Ingenieurberufs des Vereins Deutscher Ingenieure (VDI 2002) und die publizistischen Grundsätze des Pressekodex (Deutscher Presserat 2015). Der älteste bekannte Kodex ist der Hippokratische Eid. Inzwischen gibt es eine Vielfalt von Ethikkodizes für die unterschiedlichsten Bereiche, beispielsweise auch einen Hochschulethikkodex für Studierende und Lehrende (Baus & Wessolowsky 2012). Vielen dieser Kodizes mangelt es allerdings an ethisch-wissenschaftlicher Präzision und an einer ethisch-theoretischen Fundierung. Die Regeln eines solchen Kodex sind als Sollenssätze im Sinne von ›Du sollst [...]‹ formuliert oder können zumindest in solche transkribiert werden. Ein Ethikkodex umfasst folglich moralische Gebote. In diesem Sinne wäre es korrekt, statt von einem Ethikkodex von einem Moralkodex zu sprechen. Denn die Aufgabe der Ethik als Wissenschaft der Moral ist nicht das Aufstellen konkreter moralischer Gebote, Regeln oder Normen für Handlungen in ebenso konkreten Situationen, sondern die Entwicklung und Begründung allgemeiner ethischer Theorien, Prinzipien oder Gesetze, aus denen sich dann ggf. solche besonderen moralischen Handlungsgebote oder Regeln situationsspezifisch ableiten und rechtfertigen lassen. Die Ethik kann zudem wissenschaftlich prüfen, ob die besonderen Regeln eines Moralkodex konsistent sind und ob diese sich ggf. aus einem allgemeinen ethischen Grundsatz deduzieren lassen (Franz 2014, S. 246). Da sich im Sprachgebrauch der Begriff des Ethikkodex etabliert hat, wird dieser Begriff im Folgenden beibehalten, wohlwissend, dass es sich dabei streng genommen um einen Moralkodex handelt.

(ii) Das praktische Interesse des Cusanus gilt der rationalen Ethik als Wissenschaft der Moral. Folglich stellt Cusanus keine konkreten moralischen Regeln oder Gebote für bestimmte Handlungssituationen auf. Er begründet vielmehr, dass der menschliche Geist ein Abbild des urbildlichen göttlichen Geistes ist und folglich das Vermögen besitzt, frei und schöpferisch eine Vernunftethik zu begründen und daraus moralische Regeln abzuleiten. Der Mensch ist daher grundsätzlich selbst in der Lage, sich moralische Regeln für sein Handeln zu setzen. Da Cusanus solche Regeln nicht entwickelt, ist deshalb der Rekurs auf Cusanus bei der Erstellung eines cusanischen Ethikkodex anders zu leisten. Hierzu werden, soweit als möglich, drei methodische Varianten verfolgt: (a) Überlegungen des Cusanus werden unmittelbar in eine moralische Regel überführt: Dies ist immer dann möglich, wenn seine Überlegungen diesen Schritt unmittelbar und logisch-stringent implizieren, auch wenn Cusanus diesen Schritt selbst nicht gegangen ist. Dass er ihn nicht gegangen ist, hat mindestens zwei Gründe. Zum einen hatte er als Kind seiner Zeit, in der die gegenwärtigen Probleme im Bereich der Technik und ihrer Folgen noch unbekannt waren, diesen Schritt noch nicht vor Augen. Zum anderen lag dieser Schritt außerhalb seiner allgemeinen philosophisch-theologischen Zielsetzung. Er verspürte sozusagen gar kein Interesse, sich im Besonderen zu verlieren. (b) Überlegungen des Cusanus werden mittelbar in eine moralische Regel überführt: Bei dieser Variante folgt zwar die moralische Regel gleichfalls begründet aus den cusanischen Überlegungen, allerdings wird dabei bereits weiter über Cusanus hinausgedacht als in der ersten Variante. (c) Neuinterpretation der cusanischen Gedankengänge: Bei dieser Variante werden die cusanischen Überlegungen aus heutiger Sicht neu gedeutet.

Alle zehn Regeln des folgenden Ethikkodex für Ingenieure und Techniker gründen auf dem Werk des Cusanus, wobei die Verknüpfung zu seinen Thesen, Überlegungen und Gedanken unterschiedlich eng ist. Um den Ethikkodex in einer geschlossenen Form darzustellen, werden seine zehn Regeln nicht innerhalb des Kodex kommentiert und erläutert, sondern im Anschluss. Der Kodex beginnt mit einer kurzen Präambel. Diese artikuliert zunächst die Bedeutung der Technik, dem dann die freiwillige Selbstverpflichtung folgt, den Regeln des Kodex zu folgen, um dieser Bedeutung moralisch gerecht zu werden.

### Ethikkodex für Ingenieure und Techniker

Technik ist als eine menschliche Kunst - ars humana - ein Teil des Weltganzen. Ihre Artefakte, die der freien und kreativen Schöpfungskraft des Menschen entspringen, haben daher einerseits einen Einfluss auf alle anderen Teile des Weltganzen und andererseits auf das Weltganze selbst. Technik übt folglich per se auch einen Einfluss auf den Menschen, die Gesellschaft und die Natur aus, die gleichfalls Teile des einheitlichen Weltganzen sind. Im Bewusstsein dieser humanen, sozialen und ökologischen Bedeutung von Technik setzen wir uns mit diesem Ethikkodex die folgenden moralischen Regeln und kommen im cusanischen Geiste überein:

## 7 Ethikkodex für Ingenieure und Techniker im cusanischen Geist

(1) Uns einsichtig und weise bezüglich der humanen, moralischen, sozialen und ökologischen Bedeutung von Technik zu erweisen.

(2) Stets im Bewusstsein zu handeln, dass Technik nicht auf dem Aspekt des Nutzens begrenzt ist, sondern auch die Merkmale der Kreativität, des Schöpferischen, des Symbolischen und der Freiheit wesentlich einschließt.

(3) Uns bei der Erfindung, Entwicklung und Herstellung neuer Produkte oder Artefakte maßvoll im Gebrauch von Energie, Ressourcen, Rohstoffen und Materialien zu verhalten.

(4) Uns bei der Erfindung, Entwicklung und Herstellung neuer Produkte oder Artfakte auf das Prinzip der Gleichheit zu besinnen und auf eine gleiche und gerechte Verteilung von Nutzen und Lasten zu achten.

(5) Uns über die grundsätzliche Endlichkeit und Unvollkommenheit unseres Erkenntnisvermögens und folglich über unsere natürliche Unwissenheit zu belehren (docta ignorantia), um darauf aufbauend vernünftig, verantwortungsvoll und human in allen unseren technischen Erfindungen und Entwicklungen voranzuschreiten.

(6) Stets im Bewusstsein zu handeln, dass sowohl unser Erkenntnisvermögen als auch unser poietisches Vermögen unvollkommen und endlich ist und folglich alle unsere technischen Artefakte das Potential zu Mängeln und ergo zu unerwünschten oder nicht intendierten Folgen haben.

(7) Tapfer und aufrichtig Kritik an technischen Entwicklungen zu üben, die nicht zum Wohle des Menschen, der Gesellschaft, der Natur und der Welt als Ganzes sind, und mutig über diesbezügliche Missstände aufzuklären.

(8) Unsere Welt als eine geordnete und verletzliche Ganzheit zu verstehen, in der alle Teile sowohl untereinander als auch mit dem Ganzen derart in einer engen Wechselbeziehung stehen, dass jede unserer technischen Erfindungen unmittelbar Auswirkungen auf die anderen Teile und folglich auf das Weltganze hat.

(9) Bei allen unseren technisch-schöpferischen Entwicklungen bedingungslos eine gerechte und gleiche Behandlung aller dabei Mitwirkenden zu gewährleisten.

(10) Niemals entgegen dem Prinzip der Gleichheit etwas herzustellen, das Anderen einen Schaden zuführt, den wir selbst nicht zu tragen bereit sind.

Kapitel III   Die Technikethik des Cusanus

Regel (1) rekurriert auf der Kardinaltugend der Einsicht bzw. der Weisheit. Regel (2) gründet auf dem cusanischen Technikverständnis, dass die Bedeutung der Technik nicht auf den Nutzen begrenzt ist, sondern weitere Aspekte einschließt, die heute zwar zum Teil in Vergessenheit geraten, aber dadurch nicht obsolet geworden sind. Regel (3) beruft sich auf die Kardinaltugend des Maßhaltens. Sie erweckt zunächst den Anschein, dass sie nicht moralischer Art ist. Wird allerdings berücksichtigt, dass eine unkontrollierte Verwendung von Ressourcen oder gar ein Raubbau an Ressourcen die Lebensgrundlage des Menschen gefährden, so wird die moralische Dimension unmittelbar deutlich. In gleicher Weise wird diese Grundlage des Lebens auch durch eine unkontrollierte Nutzung von Energie beeinträchtigt, insbesondere dann, wenn ihre Gewinnung durch massive Schadstoffemissionen und andere Umweltbelastungen begleitet ist. Auch dies hat einen moralischen Aspekt. Regel (4) gründet auf dem cusanischen Schlüsselbegriff der Gleichheit und damit der Gerechtigkeit. Regel (5) rekurriert auf zwei miteinander verknüpften cusanischen Thesen. Die erste behauptet die natürliche und damit grundsätzliche Endlichkeit und Unvollkommenheit des menschlichen Erkenntnisvermögens. Aufgrund dessen sind auch alle menschlichen Künste und die aus ihnen hervorgehenden immateriellen und materiellen menschlichen Schöpfungsprodukte endlich und unvollkommen. Sie haben daher per se das Potential zu Mängeln und damit zu unerwünschten Folgen für Mensch, Gesellschaft und Natur. Die zweite These ist die der belehrten Unwissenheit. Sie besagt, dass der Mensch die Möglichkeit besitzt, sich seiner ureigenen Unwissenheit zu belehren, um darauf aufbauend beständig sein theoretisches und praktisches Wissen zu vervollkommnen. Die belehrte Unwissenheit ist folglich kein Ende technischer Entwicklung, sondern repräsentiert ihren sicheren und zweifelsfreien Anfang. Sie ist der Ausgangspunkt einer verantwortungsvollen Technikentwicklung, die nicht nur ihre epistemische und poietische Grenze kennt und akzeptiert, sondern sich auch ihrer humanen, sozialen, moralischen und ökologischen Bedeutung bewusst ist. Regel (6) ist eine Folgerung der Regel (5), nämlich die der grundsätzlichen Unvollkommenheit immaterieller und materieller menschlicher Schöpfungsprodukte und die daraus resultierende Möglichkeit zu Irrtümern, Fehlern und Mängeln mit unerwünschten oder unbeabsichtigten Folgen. Beide haben ihren Ursprung in der natürlichen Unvollkommen-

## 7 Ethikkodex für Ingenieure und Techniker im cusanischen Geist

heit des menschlichen Geistes. Regel (7) gründet einerseits auf der Kardinaltugend der Tapferkeit und andererseits auf dem Technikverständnis des Cusanus, welches das Wohl des Menschen als einen wesentlichen Zweck der Technik begründet (Kapitel II). Hierbei denkt Cusanus jedoch nicht nur an das materielle Wohl, sondern theologisch vor allem an das Wohl und das Heil der menschlichen Seele. Denn sobald der Mensch durch seine technisch-schöpferischen Aktivitäten sich als Abbild des göttlichen Schöpfers erkennt, kann er davon ausgehend den Weg zur Erkenntnis oder zur Schau Gottes voranschreiten, die allein seiner Seele Ruhe und Frieden verleihen. Regel (8) folgt der cusanischen These, dass alles, was ist, in einer Ganzheit oder Einheit eingefaltet ist, die das Weltganze ist. Cusanus verortet als Theologe dieses Ganze noch eine Stufe höher, nämlich in Gott. Alles, was ist, entspringt aus einer Entfaltung dieser Ganzheit und erhält somit seine Funktion und Rolle aus seinem Verhältnis zum Ganzen. Alles, was ist, steht somit im Bezug zum Ganzen. Für technische Entwicklungen ist daher der Blick auf das Ganze und Eine der Welt und die Erkenntnis, dass alles, was ist, nur in Bezug auf dieses Ganze und Eine vollständig verstanden werden kann, von ausschlaggebender Bedeutung. Insbesondere dann, wenn sie den Anspruch auf Nachhaltigkeit haben. Denn im Fokus aller nachhaltigen Entwicklungen steht letztendlich stets das Wohl der Welt als Ganzes. Regel (9) gründet auf zwei Schlüsselbegriffen der cusanischen Ethik, nämlich auf dem der Gleichheit und dem der Gerechtigkeit. Regel (10) rekurriert auf der Goldenen Regel, die Cusanus in seinem Werk an vielen Stellen aufführt.

Gegen den oben aufgeführten Ethikkodex für Ingenieure und Techniker im cusanischen Sinn können Einwände erhoben werden:

(i) Zunächst kann eingewandt werden, dass die im Kodex aufgeführten Regeln zu allgemein und somit zu wenig konkret sind. Sie geben ergo keine konkreten Handlungsanweisungen. Dies ist richtig. Es ist allerdings auch nicht die Aufgabe moralischer Regeln, konkrete Handlungsanweisungen für ebenso konkrete Handlungssituationen zu geben. Sie können es auch nicht leisten, da es unzählige verschiedene Handlungssituationen gibt. Die Aufgabe der moralischen Regeln eines Ethikkodex ist vielmehr, eine moralische Orientierungshilfe zu geben. Es obliegt der Freiheit des Einzelnen, mit Hilfe dieses moralischen Leitfadens in bestimmten Handlungssituationen adäquate Handlungsentscheidungen zu treffen. Moralische Regeln nehmen eine Zwischenstellung ein. Sie haben ihren Ort zwischen allgemeinen ethischen Grundprinzipien - wie beispielsweise der Goldenen Regel, dem kategorischen Imperativ Kants oder dem utilitaristischen Prinzip des größten Glücks der größten Zahl, aus denen moralische Regeln und Normen deduziert werden können - und konkreten Handlungsanweisungen in ebenso konkreten Situationen.

(ii) Es kann eingewendet werden, dass die im Kodex vollzogene Fundierung auf Cusanus nur eine Rückführung auf einzelne Begriffe ist, nicht aber auf die genuin cusanischen Inhalte und Bedeutungen dieser Begriffe. Auch dieser Einwand ist zum Teil berechtigt. Die cusanischen Begriffe - hierzu gehören die docta ignorantia, die Gleichheit, die ars humana und viele weitere - sind zumeist sehr komplex. Sie sind in dem Sinne komplex, dass in ihnen vieles eingefaltet ist. So haben sie bei Cusanus häufig sowohl eine philosophische als auch eine theologische Bedeutung, wobei die philosophische wiederum eine theoretische und eine praktische einschließt. Zur Entwicklung des Ethikkodex im cusanischen Geist wurde aus diesen komplexen Begriffen nur der praktisch-philosophische Inhalt extrahiert. Die vollständige cusanische Bedeutung dieser Begriffe ist damit sicherlich nicht erfasst. Unbestritten ist aber, dass auch der für die Entwicklung des Kodex erforderliche, praktisch-philosophische Teilinhalt dieser Begriffe cusanisch ist. Der in diesem Abschnitt konzipierte Ethikkodex gründet somit weder allein auf Begriffshülsen noch auf der vollständigen cusanischen Bedeutung dieser Begriffe, sondern auf dem für die Ethik relevanten Inhalt dieser Begriffe.

(iii) Des Weiteren kann beanstandet werden, dass einige der Regeln des Kodex lediglich auf die im Mittelalter hinlänglich bekannten Kardinaltugenden und somit auf den damaligen Zeitgeist zurückgeführt sind und damit nicht originär cusanisch sind. Auch dieser Einwand ist teilweise berechtigt. Die besondere Leistung des Cusanus in puncto der Kardinaltugenden ist, diese als Schöpfungsprodukte der menschlichen Kunst erkannt und begründet zu haben. Sie tragen daher ebenso wie die Schöpfungsprodukte der anderen menschlichen Künste - beispielsweise der Wissenschaften und der Technik - zum Wohle des Menschen und zu seiner Vervollkommnung bei. Die Kardinaltugenden liegen folglich ganz auf der philosophisch-theologischen Linie seines Gesamtwerks. Sie haben zwar nicht ihren Ursprung im Geist des Cusanus, aber sie sind zweifelsfrei im cusanischen Sinne. Damit können auch diejenigen Regeln des Kodex als cusanisch prädiziert werden, die auf den vier Kardinaltugenden gründen.

(iv) Schließlich kann noch entgegengehalten werden, dass im Werk des Cusanus nahezu alle Überlegungen auch einen theologischen oder göttlichen Bezug haben, der in den Regeln des Kodex weitestgehend ausgeblendet ist. Damit werden diese Regeln dem cusanischen Geist nicht gerecht. So ist beispielsweise die docta ignorantia nicht nur eine epistemische Belehrung über die eigene Unwissenheit im Sinne des sokratischen ›Ich weiß, dass ich nichts weiß‹. Vielmehr wird mit dieser Selbstbelehrung zugleich der allwissende, göttliche Geist mitgedacht. Denn obgleich der Mensch zweifelsfrei ein umfangreiches Wissen hat, so ist er gegenüber der Allwissenheit Gottes doch nahezu unwissend. Diese theologische Dimension ruft den Menschen auf, ausgehend von seinem begrenzten Wissen, das er mittels seiner Sinne, seinem Verstand und seiner Vernunft erlangt hat, zur Erkenntnis der göttlichen Wahrheit voranzuschreiten, um schließlich in dieser Erkenntnis oder Schau Gottes (visione Dei) sein Seelenheil zu finden. Der Begriff der docta ignorantia wird folglich nicht vollständig erfasst, wenn seine essentielle theologische Dimension ausgeblendet wird. Ebenso hat auch der Begriff der Gleichheit, wie bereits oben erläutert, eine vorrangig theologische Deutung, nämlich als Gleichheit von Gott und Sohn. In der Mannigfaltigkeit der Dinge der Welt gibt es diese Gleichheit nicht, sondern nur Ähnlichkeit. Folglich wird auch dieser Begriff nicht vollständig erfasst, wenn seine theologische Dimension nicht beachtet wird. In den Regeln des Ethikkodex ist diese theologische Dimension ausgeblendet. Insofern ist der Einwand berechtigt, dass sie den Geist des Cusanus nicht vollständig widerspiegeln. Dies ist aber auch nicht ihr Anspruch. Cusanus war Philosoph *und* Theologe. Und so spiegeln die Regeln zwar seinen philosophischen Geist wider, nicht aber seinen theologischen. Ein Ethikkodex, der für alle relevanten Bereiche der Technik Anspruch auf Gültigkeit erhebt, muss dem Maßstab der Verallgemeinerbarkeit genügen. Ein nur christologischer Ethikkodex - ein anderer kann aus dem Werk des Cusanus nicht abgeleitet werden, denn theologisch ist bei Cusanus stets gleichbedeutend mit christologisch - wird diesem Maßstab nicht gerecht. Daher wurde die theologische Dimension des cusanischen Werks

Kapitel III Die Technikethik des Cusanus

weitestgehend ausgeblendet. Dass diese aber selbst für den Bereich der Technik nicht unbedeutend ist, wird im folgenden Abschnitt kurz dargelegt.

## 8 Das theologisch-ethische Prinzip der Nächstenliebe

Cusanus vertritt in seinem Werk, je nach Interpretation, sowohl eine theologische als auch eine philosophische Ethik.[4] Während erstere auf Autoritäten wie Gott oder Bibel gründet, ist letztere als rationale Wissenschaft der Moral, ebenso wie alle anderen rationalen Wissenschaften, eine geistige Schöpfung oder Erfindung des Menschen. Beide können jedoch auf ihre je eigene Weise zur Entwicklung eines Ethikkodex beitragen. Bezüglich der rationalen Ethik oder Vernunftethik ist dies unbestritten. Was vermag aber eine theologische Ethik, die bei Cusanus eine christologische ist, diesbezüglich zu leisten? Gerade in puncto der modernen Wissenschaften mögen die zehn Gebote (2. Mose 20, 1 - 17) der christlich-theologischen Ethik antiquiert erscheinen. Aber dem ist nicht so. Einige Beispiele aus dem Bereich der Technik mögen dies belegen. So schließt im weiteren Sinne das Gebot ›Du sollst nicht töten‹ die Regel ein, Geräte stets so zu gestalten, dass von ihnen keine Gefahr für das menschliche Leben ausgeht. Die folgende, bereits ältere, jedoch nach wie vor gültige Regel aus dem Bereich der Elektrotechnik folgt diesem Gebot: ›Gestalte Elektrogeräte immer so, dass der Nutzer nicht mit der Netzspannung in Berührung kommt.‹ Das Gebot ›Du sollst nicht lügen‹ fordert auf, die möglichen Risiken einer technischen Entwicklung nicht zu verschweigen oder absichtlich falsch oder kleiner darzustellen als sie sind. Selbst das Gebot ›Du sollst neben mir keine anderen Götter haben‹ hat eine sehr moderne Deutung. Denn es fordert zu einer kritischen Auseinandersetzung mit den modernen Göttern und dem modernen Glauben auf. Hierzu gehören u.a. der dogmatische, unreflektierte und unkritische Glaube an den technisch-wissenschaftlichen Fortschritt und der damit meist verknüpfte Glaube, dass mit Technik und Wissenschaft alle Probleme gelöst werden können.

---

[4] Die Trennung der cusanischen Ethik in eine rationale oder philosophische und in eine theologische ist nicht unumstritten, ebenso die Frage, welche von beiden die jeweils andere einschließt oder grundlegt, falls sich eine Trennung als plausibel erweisen sollte. Für das Ziel der Entwicklung eines Ethikkodex spielen diese tiefgründigen cusanischen Forschungsfragen keine Rolle. Siehe hierzu z.B. (Mandrella 2011, S. 25f).

Die Goldene Regel, die gleichermaßen eine ethische wie theologische Dimension hat, ist ebenfalls eine für den Bereich der Technik essentielle Regel. In den Evangelien wird diese Regel (Matthäus 7, 12) zusammen mit den zehn Geboten des alten Testaments einem zweigeteilten höchsten Gebot untergeordnet - und zwar derart, dass sowohl die Goldene Regel als auch die zehn Gebote aus diesem Doppelgebot abgeleitet werden können. Es ist das Gebot ›Gott von ganzem Herzen, von ganzer Seele und von ganzem Gemüt zu lieben‹ welches dem Gebot ›Liebe deinen Nächsten wie dich selbst‹ gleich ist (Matthäus 22, 34 - 39). Das Gebot der Nächstenliebe nimmt somit theologisch den höchsten Rang ein. Dieses Gebot erweist sich aber ebenso als rationales, ethisches Prinzip. Denn es impliziert nicht nur die Gleichheit der Menschenwürde, wie sie beispielsweise im ersten Artikel der Allgemeinen Menschenrechte verankert ist, sondern auch das kantianische ethische Prinzip, seinen Mitmenschen niemals bloß als Mittel oder Instrument zu gebrauchen, sondern ihn stets als »Zweck an sich selbst« (Kant 1785, *GMS*, AA IV, S. 429). Da in den zehn moralischen Regeln des im vorigen Abschnitt konzipierten Ethikkodex das Wohl des Menschen zentral ist, gründen auch diese letztendlich auf dem ethischen und zugleich theologischen Prinzip der Nächstenliebe. Dies gilt vor allem für nachhaltige technische Entwicklungen, bei denen das Wohlergehen des Menschen vorrangiges Ziel ist. Die Gleichstellung der beiden Formeln »Nachhaltigkeit ist Menschenrechte leben« (Franz 2014, S. 38) und »Nachhaltigkeit ist Nächstenliebe« (ebd.) kann damit plausibel begründet werden. Der Begriff der Nächstenliebe gewinnt damit auch für technische Entwicklungen eine nicht zu unterschätzende Bedeutung.

## 9 FAZIT

Obgleich Cusanus kein Werk zur Ethik schrieb, können aus seinem Gesamtwerk dennoch fruchtbare ethische Gedanken extrahiert werden, die sowohl die Konzeption einer cusanischen Ethik als auch einer Technikethik ermöglichen. Dabei zeigt sich, dass diese Gedanken nicht allein von historischem Interesse sind, sondern zugleich von erstaunlicher Aktualität. Denn sie haben zweifelsfrei das Potential die gegenwärtigen Debatten im Bereich der Technikethik zu bereichern, auch wenn ihre Bedeutung zum Teil allein darin besteht, an bereits Vergessenes zu erinnern. Das zentrale ethische Prinzip der cusanischen Ethik und damit seiner Technikethik ist das der Gleichheit, sodass seine Ethik auch als eine *Ethik der Gleichheit* bezeichnet werden kann. Ebenso bedeutsam ist die cusanische Forderung, beständig nach Vollkommenheit im Theoretischen wie im Praktischen zu streben. Damit geht die Forderung einher, sich vor allem auch sittlich und moralisch zu vervollkommen. In diesem Sinne kann das Streben nach Vollkommenheit gleichfalls als ethisches Prinzip gedeutet und daher seine Ethik alternativ auch als *Ethik der Vervollkommnung* bezeichnet werden. Vervollkommnung schließt das Streben nach Gleichheit ein, dieses das Streben nach Gerechtigkeit, dieses wiederum das Streben nach Einhaltung der Goldenen Regel und dieses letzendlich ein Leben im Sinne der Nächstenliebe. Rationale Ethik als Erfindung des Menschen und das göttliche Gebot der Nächstenliebe sind damit untrennbar miteinander verknüpft. Philosophie und Theologie widerstreiten hier nicht, sondern begegnen im Werk des Cusanus einander einvernehmlich.

Die durch Cusanus begründete natürliche Endlichkeit und Unvollkommenheit des menschlichen Geistes implizieren Fehler in der technischen Entwicklung, damit die prinzipielle Unvermeidbarkeit unerwünschter Technikfolgen und infolgedessen die moralische Forderung, sich bei allen seinen Schöpfungsakten - ganz im Sinne der docta ignorantia - seiner natürlichen Unwissenheit stets aufs Neue zu belehren.

Aufbauend auf den technikethischen und technikphilosophischen Implikationen des cusanischen Gedankenguts wurde in diesem Kapitel abschließend ein Ethikkodex für Ingenieure und Techniker im cusanischen Geist entwickelt, begründet und seine Aktualität aufgezeigt. Insgesamt wurde somit gezeigt, dass im Gesamtwerk des Cusanus auch im Hinblick auf eine Technikethik wertvolles Gedankengut für unsere Gegenwart schlummert, obgleich es bereits vor etwa 600 Jahren verfasst wurde. Und dies vor allem dann, wenn technische Entwicklungen den Anspruch auf Nachhaltigkeit erheben, wie nun im folgenden Kapitel nachgewiesen wird.

# KAPITEL IV
## CUSANUS: EIN WEGBEREITER DER NACHHALTIGKEIT

> Denn man kennt nicht den Teil, wenn
> man nicht das Ganze kennt. (Cusanus)

In diesem Kapitel wird nachgewiesen, dass es im philosophisch-theologischen Werk des Nikolaus von Kues vielfältige Spuren gibt, die für die Idee der Nachhaltigkeit im modernen Sinne fruchtbar gemacht werden können, und die Nikolaus von Kues als einen früher Wegbereiter der Nachhaltigkeit ausweisen. Die markantesten Spuren sind sein auf das Ganze und Eine gerichteter Blick, seine complicatio-explicatio-Betrachtung, seine These der belehrten Unwissenheit (docta ignorantia), seine Begründung der Endlichkeit und Unvollkommenheiten des menschlichen Erkenntnisvermögens und seine Ausführungen zur Gerechtigkeit, Gleichheit und Moralwissenschaft (moralibus scientiis). Aufbauend auf diesen Spuren bedarf es nur noch eines kleinen Schritts, um daraus einen Ethikkodex der Nachhaltigkeit im cusanischen Geist abzuleiten, der sich gleichfalls durch eine besondere Aktualität auszeichnet. Die Auseinandersetzung mit dem Werk des Cusanus entspricht einem historischen Zurücktreten. Und es ist genau dieses, das für die Nachhaltigkeitsdebatte der Gegenwart fruchtbar ist. Denn ebenso wie bei jedem räumlichen Zurücktreten, wird auch bei einem historischen Zurücktreten der Blickwinkel erweitert. Dadurch werden vielfach Lösungen sichtbar, die aus dem begrenzten Blickwinkel eines näheren räumlichen oder zeitlichen Standortes nicht erkennbar sind.

### 1 EINFÜHRUNG

Was ist Nachhaltigkeit, was eine nachhaltige Entwicklung? Nach einer heute vielzitierten Bestimmung von Gro Harlem Brundtland ist eine Entwicklung dann nachhaltig, wenn sie den Bedürfnissen der derzeit Lebenden entspricht, ohne die Möglichkeit zukünftiger Generationen einzuschränken, ihren Bedürfnissen gleichfalls gerecht zu werden: »Sustainable development is development that meets the needs of the present without compromising the ability of future generations to meet their own needs« (Brundland 1987, chap. 2, sect. 1, S. 54). Im Fokus der Nachhaltigkeit steht folglich der Mensch, der Mitmensch, die sie umgebende Natur und Kultur und damit die Welt als Ganzes. Die Leitidee der Nachhaltigkeit besteht somit darin, allen lebenden Menschen und allen zukünftigen Generationen bedingungslos ein menschenwürdiges Leben in einem sozial intakten Umfeld und in einer gesunden Natur zu ermöglichen. Denn jeder Mensch hat uneingeschränkt das Grundrecht auf ein menschenwürdiges Leben. Der Begriff der Nachhaltigkeit und derjenige der Menschenrechte sind somit aufs Engste verknüpft. Im Kern zielt Nachhaltigkeit stets darauf, die Menschenrechte zu leben. Oder sakral paraphrasiert: »Nachhaltigkeit ist Nächstenliebe« (Franz 2014, S. 38). Und dies gilt für Manager, die ihrem Unternehmen eine nachhaltige Struktur verleihen, ebenso wie für Ingenieure, die ein nachhaltiges technisches Produkt entwickeln. Nachhaltigkeit ist unabdingbar. So unterschiedlich und vielfältig die Projekte nachhaltiger Entwicklung auch sein mögen, es ist die bedingungslose Leitidee eines menschenwürdigen Lebens in einem sozial und ökologisch intakten Umfeld, das diese Projekte eint. Sie ist das allen nachhaltigen Projekten zugrundeliegende Prinzip. Oder in einer Wortwahl Immanuel Kants: sie ist eine *regulative Idee* und damit eine Regel oder ein Maßstab, an dem Projekte, die den Anspruch erheben, nachhaltig zu sein, ihre Orientierung finden. Unter einer nachhaltigen Entwicklung wird daher im Folgenden stets eine Entwicklung verstanden, die dieser Leitidee aufrichtig folgt und damit ihren Fokus auf das Sein der Nachhaltigkeit richtet und nicht auf ihren Schein. Eine derart verstandene Nachhaltigkeit bedarf eines soliden Fundaments. Und dieses Fundament trägt den Namen Bildung. Und zu einer solchen gehört die Philosophie. Bildung und Philosophie sind im Denken des Cusanus zentral. Dies ist bekannt. In diesem Kapitel wird zu zeigen sein, dass auch die Nachhaltigkeit dazu gehört und somit die Trias von Nachhaltigkeit, Bildung und Philosophie cusanische Wurzeln hat und Ausdruck cusanischen Geistes ist (Franz 2015).

Infolge einer Anhäufung sozialer und ökologischer Probleme in den letzten Jahrzehnten, die vor allem durch einen rasanten technischen Fortschritt und durch das Primat des ökonomischen Wachstums induziert wurden, sind nachhaltige Entwicklungen zu einer dringlichen Aufgabe geworden, die das 21. Jahrhundert vor eine große, globale Herausforderung stellt.

Zu den dringlichsten ökologischen Aufgaben gehören der Klimaschutz, die Reduktion oder Vermeidung von Schadstoffemissionen und umweltschädlichen Abfällen,

1 Einführung

der Schutz der Gewässer und somit des Trinkwassers, die Bewahrung der Luft vor gesundheitsgefährdenten Verunreinigungen und Verschmutzungen, der Erhalt der Biodiversität, die Einstellung der Überfischung und das Beenden des Raubbaus an nicht regenerierbaren Ressourcen in Anbetracht ihrer Endlichkeit und begrenzten Verfügbarkeit (Franz 2014, S. 32).

Zu den vorrangigen sozialen Aufgaben gehören die gerechte Verteilung der verfügbaren Ressourcen und der Energie[1], die gleichfalls gerechte Verteilung der Umweltlasten, die Aufhebung massiver Ungleichheiten in Wohlstand und Lebensqualität, die Gewährleistung einer allgemeinen medizinischen Versorgung, Maßnahmen gegen die hohe Kindersterblichkeit in vielen Ländern, die Bekämpfung von Unterernährung, Hunger und Armut, die Herstellung und Bewahrung des sozialen Friedens einerseits und des globalen Friedens andererseits, die uneingeschränkte Ermöglichung einer allgemeinen Schul- und Berufsausbildung, die Schaffung und Kontrolle menschenwürdiger Arbeitsbedingungen mit gerechter Entlohnung, das bedingungslose Verbot von Kinderarbeit und der Schutz persönlicher Daten (ebd.).

Die globale Verwirklichung der Idee der Nachhaltigkeit ist eine außerordentlich komplexe Aufgabe, die nicht fachspezifisch, sondern nur interdisziplinär und fachbereichsübergreifend gelöst werden kann. Nachhaltige Entwicklungen erfordern daher neben einer soliden Fachausbildung gleichermaßen eine fundierte Allgemeinbildung. Beide gemeinsam erweisen sich als eine notwendige Bedingung aller nachhaltigen Entwicklungen. Von *epistemischer Bedeutung* für die nachhaltige Entwicklung ist dabei vor allem die philosophische, cusanische Fähigkeit zu einer holistischen oder ganzheitlichen Sichtweise, welche die Welt als ein geordnetes Ganzes und somit als eine Einheit begreift, in der alle natürlichen und durch den Menschen geschaffenen künstlichen Teile sowohl untereinander als auch in Bezug zum Weltganzen in einer engen Wechselbeziehung stehen. Von *praktischer Bedeutung* ist insbesondere die Fähigkeit zu einer ethischen Sichtweise, da erstens das Wohl des Menschen und der Gesellschaft im Zentrum der Nachhaltigkeit stehen, zweitens nachhaltige Entwicklungen per se eine Form menschlichen Handels sind und daher ebenso wie Alltagstagshand-

---

[1] So verursachen 20 Prozent der Weltbevölkerung ca. 80 Prozent des Weltenergiebedarfs (Grunwald & Kopfmüller 2012, S. 37 und S. 127).

lungen moralischen Regeln, Normen und Werten unterliegen und drittens die Verwirklichung der Leitidee der Nachhaltigkeit bereits selbst eine moralische Pflicht ist. Nachhaltigkeit ist folglich sowohl aus epistemischer als auch aus praktischer Sicht eine ganzheitliche Aufgabe. Auch wenn lokale nachhaltige Entwicklungen für die Verwirklichung der Leitidee der Nachhaltigkeit unabdingbar sind, so steht im Fokus dieser Idee doch immer die Welt als Ganzes. Der Blick auf das Ganze der Welt als eine geordnete Einheit ist daher bei allen nachhaltigen Entwicklungen nicht aus den Augen zu verlieren. Ohne ihn besteht die Gefahr unerwünschter Folgen und falscher Wege. Denn auch scheinbar marginale Entwicklungen haben Auswirkungen auf das Weltganze. Ob diese groß oder klein, zum Nutzen oder zum Schaden sind, zeigt sich häufig erst nach Jahren. Das Wohl des Weltganzen im Blick zu behalten ist daher das Motto der Nachhaltigkeit.

Der Begriff *nachhaltig* wurde erstmals im Jahre 1717 von Hans Carl von Carlowitz in seinem Buch *Sylvicultura oeconomica* verwendet. Cusanus lebte im 15. Jahrhundert am Übergang des Mittelalters zur Renaissance und somit etwa dreihundert Jahre vor von Carlowitz. Es scheint also zunächst unwahrscheinlich, in seinem philosophisch-theologischen Werk adäquate Gedanken zur Nachhaltigkeit zu finden. Dennoch wird man bei gründlicher und systematischer Suche fündig. Denn obgleich der Begriff der Nachhaltigkeit zur Zeit des Cusanus noch unbekannt war, so waren doch Grundgedanken zur Nachhaltigkeit im 15. Jahrhundert nicht fremd. Wie Ulrich Grober in seinem Buch *Die Entdeckung der Nachhaltigkeit. Kulturgeschichte eines Begriffs* nachweist, reichen die Wurzeln des Begriffs der Nachhaltigkeit sogar weit über Cusanus und sogar über die Antike hinaus in die Urgeschichte der Menschheit (Grober 2010, Grober & Erenz 2013). Man darf daher durchaus hoffen, auch bei Cusanus Entsprechendes zu finden. Dass diese Hoffnung berechtigt ist, zeigt gleichfalls Grober, der in seinem Buch bereits erste Spuren der Nachhaltigkeit bei Cusanus entdeckt (Grober 2010, S. 64f). In den folgenden Abschnitten wird diese Spurensuche im Werk des Cusanus fortgesetzt. Das Ziel, Cusanus mit dieser Spurensuche als frühen Wegbereiter der Nachhaltigkeit auszuzeichnen, ähnelt somit dem in Kapitel II verfolgten Ziel, Cusanus als einen früher Technikphilosophen zu begründen. Obgleich auch dabei nur vereinzelt und über das Gesamtwerk verteilte Spuren zu finden waren, konnte dennoch aus diesen Spuren posthum ein kohärentes Bild einer cusanischen Technikphilosophie rekonstruieren werden, das nicht nur historisch wertvolle Bezüge, sondern auch überraschend viele aktuelle Bezüge aufwies. Die Hoffnung, in ähnlicher Weise ein cusanisches Bild der Nachhaltigkeit zeichnen zu können, scheint also berechtigt. Da einige der Spuren nur mittelbar auf die Nachhaltigkeit verweisen, wird man ebenso wie bei der Konstruktion der cusanischen Technikphilosophie und Technikethik hin und wieder über Cusanus hinausdenken müssen. Dies schließt die logisch-stringente Fortsetzung seiner Gedanken ebenso ein wie die Neuinterpretation seiner Gedanken aus Sicht der Gegenwart.

Es gibt zumindest zwei Gründe, warum Cusanus seine Gedanken selbst noch nicht in Richtung Nachhaltigkeit entfaltete: (1) Zum einen war Cusanus ein Kind seiner Zeit, in der die gegenwärtigen Fragen und Probleme, die im Rahmen nachhaltiger Entwicklungen dringlich zu beantworten und zu lösen sind, in ihrer globalen und Generationen überschreitenden Tragweite noch gänzlich unbekannt waren. Es gab zwar zu Lebzeiten des Cusanus bereits einen übermäßigen Abbau der Ressource Holz. Und in vielen Städten war die Belastung der Umwelt durch das Verbrennen des Holzes sicherlich bereits spürbar. Aber dieses Problem war im Vergleich zu den gegenwärtigen globalen ökologischen und sozialen Problemen, die vor allem im Primat des technischen Fortschritts und des wirtschaftlichen Wachstums ihren Ursprung haben, noch lokal begrenzt und marginal und wurde daher auch noch nicht thematisiert. (2) Zum anderen stand das cusanische Erkenntnisinteresse im Fokus der Philosophie und der Theologie. Cusanus richtete seine Untersuchungen zwar auf dasjenige einheitliche Ganze der Welt, das auch im Zentrum nachhaltiger Entwicklungen steht, aber nicht aus einer nachhaltigen Perspektive, sondern aus einer philosophisch-theologischen. Die Erkenntnis des Weltganzen ist für Cusanus eine Vorstufe zur Erkenntnis Gottes. Dass diese Erkenntnis des Weltganzen im Rahmen der Nachhaltigkeit auch einmal für die Erhaltung des Weltganzen von großer Bedeutung sein wird, konnte er wohl noch nicht erahnen.

Auch die enge Verknüpfung von Philosophie, Technik und Nachhaltigkeit war Cusanus noch unbekannt. Erst im zwanzigsten Jahrhundert stellt Martin Heidegger seine bekannte philosophische »Frage nach der Technik« (Heidegger 1953) und

Kapitel IV  Cusanus: Ein Wegbereiter der Nachhaltigkeit

Vittorio Hösle weist nach, warum die Technik ein Schlüsselproblem der Philosophie ist (Hösle 1995). Die Verbindung von Philosophie und Technik war damit endgültig begründet. In ähnlicher Weise kann auch die Bindung von Philosophie und Nachhaltigkeit nachgewiesen werden. Denn im Fokus der Nachhaltigkeit stehen die gleichen Themen, die bereits seit Anbeginn der Philosophie - seit Sokrates, Platon und Aristoteles - das philosophische Denken prägen, nämlich der Mensch als solches, der Mensch als soziales Wesen, die Natur und die Welt als Ganzes. Die Natur war dies bereits bei den Vorsokratikern, die vor allem Naturphilosophen waren. Auch heute sind diese Themen für die Philosophie weiterhin zentral. Die Philosophie ist daher geradezu prädestiniert, nachhaltige Entwicklungen zu begleiten und Nachhaltigkeit in den Kreis ihrer Schlüsselprobleme aufzunehmen.

Man darf nicht erwarten, aus dem Werk des Cusanus konkrete Antworten und Lösungen auf die vielfältigen Fragen und Probleme der Nachhaltigkeitsdebatte der Gegenwart ableiten zu können. Diese Erwartung wird nicht erfüllt. Dennoch ist eine kritische Auseinandersetzung mit seinem Werk auch für nachhaltige Entwicklungen lohnenswert. Es ist eine Auseinandersetzung, die primär darin besteht, einen Schritt zurückzutreten. Ein solches Zurücktreten ermöglicht die zu lösenden Fragen und Probleme aus der Perspektive eines weiter entfernten Standpunktes und damit aus einem größeren Abstand zu betrachten und zu beurteilen. Durch diesen größeren Abstand wird der Blickwinkel erweitert, wodurch eine neue Sicht auf die zu lösenden Fragen und Probleme eröffnet wird. Dadurch wiederum werden in aller Regel Lösungen sichtbar, die zuvor, aus dem begrenzten Blickwinkel des näheren Standpunktes, unsichtbar waren. Das Werk des Cusanus wurde vor etwa sechshundert Jahren publiziert. Die Auseinandersetzung mit seinem Werk ist somit ein historisches Zurücktreten. Aber auch ein historisches Zurücktreten erweitert den Blick und lässt scheinbar Bekanntes in einem neuen Licht erscheinen. Die Resultate eines räumlichen und historischen Zurücktretens sind somit die gleichen. Es werden in beiden Fällen Aspekte aufgedeckt und erkannt, die zuvor verdeckt und unerkannt waren. Es ist folglich der historisch erweiterte Blickwinkel auf die Fragen und Probleme nachhaltiger Entwicklungen der Gegenwart, der aus einer Auseinandersetzung mit dem Werk des Cusanus erwartet werden darf und der sich, wie im Folgenden zu zeigen ist, als lohnenswert erweisen wird.

## 2 Die Welt als Ganzes und ihre Teile – explicatio und complicatio

Im Fokus der Nachhaltigkeit steht das Wohl der Welt als Ganzes und zwar in humaner, moralischer, sozialer, ökologischer und ökonomischer Hinsicht. Um dieses Leitziel der Nachhaltigkeit zu erreichen, sind lokale nachhaltige Entwicklungen ebenso erforderlich wie globale. Diese Entwicklungen können aber nur dann erfolgreich sein, wenn sie aufeinander abgestimmt und gleichermaßen dem Leitziel des Wohls der Welt als Ganzes verpflichtet sind. Die Verwirklichung dieser Leitidee ist daher keine vorrangig fachbereichsspezifische Aufgabe, sondern eine fachbereichsübergreifende - oder wie Cusanus sagen würde: eine kunstübergreifende.

Mensch, Gesellschaft und Natur sind ebenso Teile dieser Welt, wie Technik, Ökonomie, Naturwissenschaft und andere. Alle diese Teile stehen in einem engen Beziehungsgeflecht. Veränderungen in einem Teil führen folglich unweigerlich zu Veränderungen in den anderen Teilen und daher stets auch zu Veränderungen im Ganzen der Welt. Der Blick auf die Vielheit der Teile der Welt aus der Perspektive der Welt als Ganzheit und Einheit ist daher ebenso erforderlich, wie der Blick auf die Welt als Ganzheit und Einheit aus der Perspektive der Vielheit ihrer Teile. Genau an dieser Stelle kommt nun Cusanus ins Spiel. Denn der wechselseitige Blick vom Ganzen auf seine Teile und vice versa nimmt in seinem Gesamtwerk eine zentrale Rolle ein (siehe unten).

Der wechselseitige Blick oder Perspektivenwechsel vom Ganzen auf seine Teile und umgekehrt ist eine Grundbedingung nachhaltiger Entwicklung. Ohne ihn kann Nachhaltigkeit nicht gelingen - ihr Leitziel nicht erreicht werden. Mit technischen Entwicklungen werden dem ursprünglichen, natürlichen Weltganzen neue künstliche Teile hinzugefügt. Welche Rolle sie im Weltganzen enfalten kann letztendlich nur aus dem Blickwinkel des Ganzen beurteilt werden. Der eingeschränkte Blick auf die Folgen dieser Entwicklungen auf die unmittelbare Umgebung ist nicht ausreichend. Nachhaltigkeit ist eine Aufgabe, die globale Lösungen erfordert. Diese nehmen zwar in aller Regel im Lokalen ihren Anfang, aber auch dann ist zu beurteilen, wie sie in die

## Kapitel IV   Cusanus: Ein Wegbereiter der Nachhaltigkeit

globalen eingefaltet sind. Kohärieren oder widersprechen sie einander? Lokale Lösungen, die in Dissonanz zu den globalen sind, stehen damit im Widerspruch zur Leitidee der Nachhaltigkeit. Werden beispielsweise energieaufwendige und damit kohlendioxidintensive Produktionen in andere Länder oder Kontinente verlagert, so wird zwar ggf. vorübergehend eine Verbesserung des lokalen Klimas erreicht, nicht aber des Weltklimas. Da eine Beeinträchtigung des Weltklimas sich langfristig immer auch lokal auswirkt, ist eine derartige kurzfristige lokale Lösung kontranachhaltig. Ein kurzfristiger, lokaler Nutzen erweist sich langfristig und global häufig als Übel. Es ist daher stets zu beurteilen, wie kurzfristige Lösungen in langfristige eingebettet sind. Das Ganze, das bei nachhaltigen Entwicklungen stets im Blick zu behalten ist, hat folglich auch eine räumliche und zeitliche Dimension.

Da es gemäß der Leitidee der Nachhaltigkeit um die Verwirklichung einer humanen Welt geht, in der heutige und zukünftige Generationen in menschenwürdiger Weise ihre Bedürfnisse in einer sozial und ökologisch intakten Umwelt befriedigen können, haben nachhaltige Entwicklungen stets auch eine moralische, soziale und ökologische Dimension. Sie haben zudem eine technische und ökonomische Dimension, da gerade die beiden Bereiche der Technik und der Ökonomie in der besonderen Verantwortung und Pflicht stehen, an nachhaltigen Entwicklungen mitzuwirken. Nachhaltigkeit ist daher immanent multidimensional. Folglich ist dasjenige, was bei allen nachhaltigen Entwicklungen notwendig zu berücksichtigen ist, in der Tat das Weltganze. Denn alles, was ist, ist - ganz im Sinne von Cusanus - im Weltganzen eingefaltet. Es ist derart eingefaltet, dass es eine Einheit bildet.

Im kleineren Maßstab kann die Einfaltung des Mannigfaltigen und Vielen in die Einheit des Weltganzen mit einem technischen Gerät, beispielsweise mit einem Fernsehgerät, verglichen werden. Ein solches Gerät besteht aus einer Vielzahl von Teilen. Doch diese Teile bilden kein chaotisches Durcheinander, sondern sind in einer Weise planvoll angeordnet und verschaltet, dass sie untereinander funktional zusammenwirken und erst durch dieses Zusammenwirken diejenige Einheit bilden, die wir als Fernsehgerät bezeichnen. Werden exakt die gleichen Teile wahllos und willkürlich in eine Tüte gesteckt, so wird die geordnete Einheit eines Fernsehgerätes nicht formiert. Die in einer Tüte befindlichen Teile bilden bestenfalls die Einheit eines

## 2 Die Welt als Ganzes und ihre Teile - explicatio und complicatio

Haufens. Mit einer Tüte voller Bauteile kann folglich niemand fernschauen. Denn ihren Bauteilen fehlt die wechselwirkende Funktion, die ihnen nur eine übergeordnete Einheit verleihen kann. Oder wie Cusanus sagt: »Jeder ihrer Teile nämlich erlangt seine Wahrheit vom Ganzen« (NvK *de mente*, c. XI, n. 141). Erst wenn alle Teile der Tüte wieder entnommen und gezielt und planvoll zusammengefügt werden, entsteht die komplexe Einheit eines Fernsehgerätes. Eine komplexe, zusammenhängende Einheit entsteht im Sprachgebrauch des Cusanus immer dann, wenn alle ihre Teile wohlgeordnet in ein Ganzes eingefaltet (complicatio) werden. Wird diese Einheit wieder in ihre Teile zerlegt - Cusanus nennt diesen Vorgang explicatio - und unterbindet damit alle zuvor bestandenen Wechselwirkungen zwischen den Teilen, so löst sich die Einheit wieder auf, beispielsweise die des Fernsehgerätes, und man findet erneut nichts weiter vor, als eine Tüte gefüllt mit Teilen. Aber auch dann, wenn nur ein einziges Teil entfernt wird oder ausfällt, hat dies einen unmittelbaren Einfluss auf die Einheit des Fernsehgerätes. So sind dadurch entweder Ton oder Bild gestört oder beide gemeinsam. Im schlimmsten Fall wird die Einheit vollständig aufgelöst und das Gerät hört auf, als Fernsehgerät zu existieren. Entweder es wird dann repariert und erhält dadurch seine ursprüngliche Existenzweise und Einheit zurück oder es führt eine neue Existenz als Elektronikschrott.

In Analogie zum Fernsehgerät, jedoch im weitaus größeren Maß, ist auch die Welt als ein komplexes Ganzes bestehend aus Teilen zu begreifen, die untereinander geordnet zusammenwirken und damit allererst die Einheit namens Welt bilden. Doch im Gegensatz zur Einheit des Fernsehgerätes ist die der Welt oder gar des Universums viel komplexer. Denn die Anzahl ihrer Teile ist um ein Vielfaches umfangreicher. Im einheitlichen Ganzen der Welt sind nahezu unendlich viele Teile eingefaltet und zwar nicht nur materielle, sondern Teile ganz unterschiedlicher Kategorie. Hierzu gehören nicht nur die vielfältigen natürlichen Teile, sondern auch die durch den Menschen geschaffenen Artefakte, zu denen sowohl die geistigen als auch die stofflichen gehören. In der komplexen Einheit der Welt ist demzufolge alles eingefaltet, was ist, das Lebendige ebenso wie das Leblose, das Immaterielle ebenso wie das Materielle und das Natürliche ebenso wie das durch den Menschen geschaffene Künstliche.

## Kapitel IV   Cusanus: Ein Wegbereiter der Nachhaltigkeit

Das Wechselspiel zwischen dem Zusammenfügen oder Einfalten von Teilen zu einem geordneten, einheitlichen, komplexen Ganzen und dem Zerlegen oder Ausfalten dieser Einheit in seine Teile, drückt Cusanus treffend in seiner complicatio-explicatio-These aus. Diese These besagt, dass alles, was ist, im Ganzen oder Einen eingefaltet ist (complicatio) und daher alles, was ist, aus der Entfaltung (explicatio) des Ganzen oder des Einen entstammt. Daher kann das, was ist, in seiner Bedeutung nur dann erkannt und begriffen werden, wenn zuvor das übergeordnete Ganze erkannt und begriffen wird, also letztendlich das Ganze und Eine der Welt oder des Weltalls. Über diesem Weltganzen steht für den Theologen Cusanus nur noch *das* Eine, das er mit Gott identifiziert. »Wenn man Gott, der das Urbild des Alls ist, nicht kennt, kann man nichts vom All, und wenn man das All nicht kennt, nichts von seinen Teilen wissen. So geht dem Wissen von jedem Einzelnen das Wissen von Gott und allen Dingen voran« (NvK *de mente*, c. X, n. 127). Säkularisiert man diese Aussage, so wird sie zu einer epistemischen Grundbedingung aller nachhaltigen Entwicklungen, die der Leitidee einer intakten Welt als Ganzes folgen: Wenn man die Welt als Ganzes nicht kennt, kann man nichts von seinen Teilen wissen. So geht dem Wissen von jedem Einzelnen, das Wissen von der Welt als Ganzes voraus. Gemäß dieser epistemischen Losung der Nachhaltigkeit werden nachhaltige Entwicklungen vom Bestreben getragen, die Wechselwirkungen der Teile des Weltganzen im Verhältnis zu diesem Ganzen zu ergründen, um die Auswirkungen und Folgen nachhaltiger Entwicklungen auf das Weltganze zu erfassen, zu beurteilen und zu bewerten. Denn das Wohl des Weltganzen ist Maß und Ziel jeder nachhaltigen Entwicklung.

Im Sinne Cusanus entspringen nachhaltige Entwicklungen der endlichen Kunst des Menschen (der ars humana), das natürliche Weltganze der unendlichen Kunst Gottes. »Jede endliche Kunst also stammt von der unendlichen Kunst. Und so wird die unendliche Kunst notwendig aller Künste Urbild sein, Ursprung, Mitte, Ziel, Maßeinheit, Maß, Wahrheit, Genauigkeit und Vollkommenheit« (a.a.O., c. II, n. 61). Die unendliche Schöpfungskunst Gottes ist somit das Maß der endlichen Kunst des Menschen, zu der auch alle seine nachhaltigen Entwicklungen gehören. Ebenso wie Bedeutung und Funktion der einzelnen Teile und Bereiche des Weltganzen nur aus dem erweiterten Blickwinkel des Weltganzen vollständig verstanden werden können,

## 2 Die Welt als Ganzes und ihre Teile - explicatio und complicatio

können daher Bedeutung, Funktion und Folgen einzelner nachhaltiger Entwicklungen gleichfalls nur aus dem Blickwinkel des Weltganzen heraus beurteilt werden. Auch wenn dies epistemisch nur begrenzt möglich ist (siehe unten), so wird doch bereits deutlich, dass die epistemische Fähigkeit zur wechselseitigen complicatio und explicatio eine Grundbedingung nachhaltiger Entwicklungen ist.

In gleicher Weise wie die Welt eine Einheit und Ganzheit ist, so sind auch alle ihre Teile gleichfalls Einheiten und zwar von untergeordneter Art. Denn jedes Teil besteht ebenfalls wieder aus Teilen, die in ihrer Ordnung ein einheitliches Ganzes bilden. So ist jeder Mensch, obgleich Teil des Ganzen, selbst eine aus Teilen bestehende Einheit und Ganzheit, ebenso jedes Tier und jede Pflanze. Und ebenso wie bei den Teilen des Weltganzen, so erhalten auch die Teile des Menschen - seine Organe und Gliedmaße - ihre Bedeutung und Funktion erst in Bezug auf das Ganze des Menschen.[2] Das complicatio-explicatio-Verhältnis ist daher nicht nur in Bezug auf das Weltganze und seine Teile präsent. Vielmehr ist jedes einzelne Teil des Weltganzen wieder eine zusammengefaltete Einheit und Ganzheit, die entfaltet werden kann. Auch wenn die Sprache des Cusanus weder die der heutigen Alltagssprache noch die der heutigen Wissenschaftssprache ist, so wird doch aus dem folgenden Zitat deutlich, wie Cusanus das Verhältnis des Ganzen zu seinen Teilen begreift: »Der Mensch ist durchaus so die kleine Welt, daß er auch Teil der großen ist. In jedem Teil scheint ja das Ganze wider, denn der Teil ist Teil des Ganzen, wie auch der ganze Mensch in der Hand, die auf das Ganze bezogen ist, widerstrahlt. Dennoch leuchtet die Vollkommenheit des Menschen im Haupt in vollkommener Weise wider. So strahlt auch das Gesamt in jedem seiner Teile wider. Alles nämlich hat zum Gesamt sein Verhältnis und seinen Bezug« (NvK *ludo globi*, liber I, n. 42). Jedes Teil eines Ganzen repräsentiert also selbst wieder ein Ganzes, das aus Teilen besteht. Eine sehr ähnliche Auffassung vertritt Gottfried Wilhelm Leibniz, der die Welt und alles, was darin vorgefunden wird,

---

[2] Hieraus eine cusanische Unterstützung für eine ganzheitliche Medizin zu folgern ist zwar voreilig. Aber sie kann aus seinem Gesamtwerk durchaus posthum abgeleitet werden. Allerdings können aus seinem Werk auch Argumente für eine wissenschaftlich-analytische Medizin deduziert werden. Da beide Seiten sich in seinem Werk die Waage halten, ist Cusanus posthum wohl eher zu den Verteidigern einer ausgewogenen Medizin zu rechnen, die beiden Seiten ihre medizinische Bedeutung einräumt. Dies wäre auch konform mit seiner philosophisch-theoretischen Theorie der Gleichheit, die den Weg der Mitte als den richtigen auszeichnet.

## Kapitel IV  Cusanus: Ein Wegbereiter der Nachhaltigkeit

gleichfalls als eine harmonisch zusammenwirkende, lebendige Ganzheit begründet, die einer Ordnung - einer universellen Ordnung - folgt. Dieser ganzheitliche Standpunkt der Leibnizschen Metaphysik ist für die gegenwärtig zu leistende nachhaltige Entwicklung ebenso von Aktualität und Bedeutung, wie die auf das Ganze und Eine bezogene Betrachtungsweise des Cusanus. Das 21. Jahrhundert ist geprägt durch eine übermächtige Technik und eine ebenso übermächtige Wirtschaft, die in alle Lebensbereiche eingreifen und mit zunehmend unübersehbaren, nicht intendierten Technik- und Wirtschaftsfolgen verbunden sind. Es wäre zweifelsfrei eine nachhaltige Bereicherung der Lebensqualität heutiger und künftiger Generationen, wenn diese beiden Bereiche sich ebenso wie einst Leibniz wieder auf die Entelechien des Aristoteles besinnen und erkennen würden, »daß es in dem kleinsten Materieabschnitt eine Welt von Geschöpfen, Lebewesen, Tieren, Entelechien, Seelen gibt. Jeder Materieabschnitt kann als ein Garten voll von Pflanzen verstanden werden; und als ein Teich voll von Fischen. Aber jeder Zweig der Pflanze, jedes Glied des Tieres, jeder Tropfen seiner Säfte ist ein solcher Garten oder ein solcher Teich« (Leibniz 1720, Monadologie n. 66-67, S. 471).

Das complicatio-explicatio-Verhältnis, das sowohl zwischen dem Weltganzen und seinen Teilen als auch zwischen diesen Teilen und seinen Unterteilen besteht, findet sich auch bei allen artifiziellen Schöpfungsprodukten, die der Kreativität und dem Einfallsreichtum des Menschen entspringen. Hierzu gehören sowohl seine materiellen Schöpfungsprodukte, als auch seine immateriellen. Auch für diese Produkte gilt, dass die Rolle ihrer einzelnen Teile, die sie im Gesamtensemble der Teile einnehmen, nur dann erfasst werden kann, wenn das Ganze erkannt ist. Für das sehr einfache Artefakt des hölzernen Löffels beschreibt Cusanus dies in anschaulicher Weise wie folgt (vgl. Kapitel II): »Denn man kennt nicht den Teil, wenn man nicht das Ganze kennt; das Ganze nämlich mißt den Teil. Wenn ich nämlich einen Löffel Teil für Teil aus einem Holzstück herausschnitze, dann blicke ich, wenn ich einen Teil anpasse, auf das Ganze, damit ich einen wohlproportionierten Löffel hervorbringe. So ist der ganze Löffel, den ich im Geist erdacht habe, das Urbild, auf das ich blicke, während ich einen Teil gestalte. Und dann kann ich einen vollendeten Löffel herstellen, wenn jeder Teil sein Verhältnis in der Ordnung auf das Ganze bewahrt. Ebenso muß jeder Teil,

## 2 Die Welt als Ganzes und ihre Teile - explicatio und complicatio

mit dem anderen verglichen, seine Vollständigkeit bewahren. Daher wird es für die Kenntnis des Einzelnen nötig sein, daß die Kenntnis des Ganzen und seiner Teile vorangeht« (NvK *de mente*, c. X, n. 127).

Zu den genuinen, kreativen Schöpfungsprodukten und Erfindungen des Menschen gehören auch alle seine nachhaltigen Entwicklungen. Auch sie haben - ganz im Sinne von Cusanus - ihr Urbild im Geist des Menschen. Sie gründen auf menschlichen Überlegungen, Entscheidungen und Handlungen und nehmen ihren Anfang in entsprechenden nachhaltigen Ideen oder geistigen Urbildern. Ist eine solche Idee ausgereift, so ist in ihr bereits alles geistig *eingefaltet*, was zu ihrer späteren Verwirklichung erforderlich ist. Die Verwirklichung oder praktische Umsetzung dieser Idee erfolgt dann mittels entsprechender Handlungen. Mit der Verwirklichung wird somit die Idee in den Bereich der Sinne *ausgefaltet*. Die Idee einer nachhaltigen Entwicklung ist demzufolge gleichfalls ein einheitliches Ganzes. Aber auch hier gilt zu beachten, dass dieses Ganze der Idee oder des Urbildes erneut wieder nur Teil eines übergeordneten Ganzen ist. Denn einerseits gibt es nicht nur eine Idee, sondern viele Ideen. Sind es Ideen zur nachhaltigen Entwicklung, so kann nicht ausgeschlossen werden, dass sie einander widersprechen und so ihre nachhaltige Wirkung verfehlen. Andererseits sind alle nachhaltigen Ideen im übergeordneten Ganzen der Leitidee der Nachhaltigkeit eingefaltet. Nur wenn diese Ideen sich kohärent und konsistent zusammenfügen oder einfalten lassen, entsteht aus ihnen eine wohlgeordnete Einheit der Nachhaltigkeit. Falls nicht, dann bilden sie nichts weiter, als eine Tüte gefüllt mit einer bunten und widersprüchlichen Mischung unterschiedlicher, unzusammenhängender Ideen, die vielleicht alle wohlgemeint sind, aber sich in puncto der Einheit der Nachhaltigkeit als unsinnig oder widersprüchlich und daher als kontranachhaltig erweisen. Der Erfolg des globalen Projekts der Nachhaltigkeit hängt daher entscheidend davon ab, ob Nachhaltigkeit als Einheit begriffen wird oder nicht.

Nachhaltigkeit ist eine komplexe Aufgabe, die komplexe Entscheidungen erfordert. Der Begriff der Nachhaltigkeit ist daher selbst ein complicatio-Begriff. In ihm sind eine Vielfalt von Unterbegriffen aber auch eine Vielfalt an Fragen und Problemen eingefaltet, die sich wechselseitig bedingen. Um folglich zu verstehen, was Nachhaltigkeit bedeutet und welche Herausforderungen mit ihr verknüpft sind, ist der Begriff der Nachhaltigkeit im Rahmen einer Begriffsanalyse zunächst zu entfalten (explicatio). Denn nur dann, wenn die Bedeutung dieses Begriffs durch eine sorgfältige Explikation erfasst ist, wird deutlich, welche Aufgaben zu erfüllen und in welcher Weise die nachhaltige Entwicklung in den unterschiedlichen Bereichen zu initiieren und zu koordinieren ist, damit die Leitidee der Nachhaltigkeit in die Wirklichkeit entfaltet werden kann (Franz 2014, Grunwald 2016).

Der cusanische Blick auf das Ganze und Eine im Verhältnis zum Vielen und Mannigfaltigen erweist sich zusammenfassend als eine epistemische Grundvoraussetzung aller nachhaltigen Entwicklungen. Gleiches gilt für die epistemische Fähigkeit zur wechselseitigen complicatio und explicatio. Wird der Blick auf das geordnete, einheitliche Ganze der Welt aus den Augen verloren, dann besteht die Gefahr, dass sich wohlgemeinte Entwicklungen in Bezug auf die Leitidee der Nachhaltigkeit einer humanen Welt als Ganzes als kontranachhaltig erweisen.

## 3 Die Endlichkeit der menschlichen Erkenntnis

Im vorigen Abschnitt wurde die Analogie der Welt mit der eines Fernsehgerätes genutzt, um die Rolle der Teile im Verhältnis zum Ganzen sinnbildlich darzustellen. In diesem Abschnitt wird zunächst erneut auf diese Analogie zurückgegriffen, um nun in die Problematik der Begrenztheit des menschlichen Erkenntnisvermögens und der daraus resultierenden Konsequenzen für die Nachhaltigkeit einzuführen.

Es wurde erläutert, dass ein Fernsehgerät aus einer Vielfalt von Teilen besteht, die derart planmäßig angeordnet und verschaltet sind, dass sie eine wohlgeordnete, funktionale Einheit bilden, die den Namen Fernsehgerät trägt. In völlig analoger Weise repräsentiert das Weltganze gleichfalls eine Einheit. Auch seine Teile bilden kein chaotisches Durcheinander, sondern unterliegen einer Ordnung, durch die allererst die Einheit namens Welt entsteht. Im Vergleich zu einem Fernsehgerät ist die Anzahl ihrer Teile allerdings praktisch unendlich. Die Welt als Ganzes ist folglich wesentlich komplexer, da in ihr weitaus mehr Teile eingefaltet sind (complicatio). Ebenso wie bei der Einheit eines Fernsehgerätes können die Rolle, Funktion und Bedeutung der Teile des einheitlichen Weltganzen nur aus dem Blickwinkel dieses Ganzen heraus begriffen werden. Umgekehrt kann die Bedeutung des Ganzen nur

## 3 Die Endlichkeit der menschlichen Erkenntnis

aus der seiner Teile verstanden werden. Während es aber nun sehr gut ausgebildete Fernsehtechniker gibt, denen die Rolle eines jeden einzelnen Teils in diesem Gerät bestens bekannt ist und die demzufolge wissen, was geschieht, wenn eines dieser Teile ausfällt, gibt es einen ebenso sehr gut ausgebildeten Welttechniker, Weltwissenden oder Weltweisen nicht. Der sehr gut ausgebildete Fernsehtechniker kennt das funktionale Zusammenwirken der Teile des Gerätes und überschaut, wie diese Teile durch ihr Zusammenwirken die Einheit mit dem Namen Fernsehgerät bilden. Für die Einheit mit dem Namen Welt kann jedoch ein noch so gut Ausgebildeter diese epistemische Leistung nicht erbringen. Denn die Komplexität der Welt übersteigt im Vergleich zur viel geringeren Komplexität eines Fernsehgerätes jedes menschliche Erkenntnisvermögen. Der Mensch vermag seine Erkenntnisse zwar beständig zu erweitern, wozu Cusanus in seinem Gesamtwerk beständig auffordert, aber auch dann wird er die Welt niemals endgültig und vollständig in ihrer Ganzheit und Einheit zu erfassen vermögen. Denn sein Erkenntnisvermögen ist, wie Cusanus im folgenden Dialog aufdeckt, notwendig endlich und unvollkommen. »Laie: [...] Es ist nämlich offenbar, daß keine menschliche Kunst die Genauigkeit der Vollkommenheit erreicht hat und daß jede endlich und begrenzt ist. Denn die eine Kunst wird in ihren Grenzen eingegrenzt, die andere in anderen, die die ihrigen sind, und jede ist von den anderen verschieden, und keine umfaßt alle. Philosoph: Was willst du daraus folgern? Laie: Daß alle menschliche Kunst endlich ist« (NvK *de mente*, c. II, n. 60).

Die Endlichkeit der menschlichen Erkenntnis ist ergo eine nicht hintergehbare anthropologische Konstante. Der Mensch ist daher per se nicht frei von Irrtümern und zwar in epistemischer und poietischer Hinsicht. Er wird folglich niemals mit Sicherheit wissen, was passiert, wenn er Teile der Welt beeinflusst, verändert oder mittels seiner schöpferischen Kreativität neue Teile einfügt. Er kann aber in Übereinstimmung mit dem Werk des Cusanus folgendes wissen: (i) Die Mannigfaltigkeit der Welt bildet kein Chaos, sondern eine Ordnung. Die Welt ist demnach ein komplexes Ganzes in der alle Teile in einer geordneten Weise zusammenwirken und so erst diejenige Einheit bilden, die wir Welt nennen. (ii) Werden Teile dieser Welt beeinflusst oder verändert oder werden ihr neue Teile hinzugefügt, beispielsweise durch den Menschen, so hat dies notwendig Auswirkungen auf die Einheit der Welt, wie

Kapitel IV  Cusanus: Ein Wegbereiter der Nachhaltigkeit

schwach oder stark diese auch sein mögen.³ (iii) Die menschliche Erkenntnisfähigkeit ist notwendig endlich und begrenzt. Der Mensch wird daher die Komplexität und Ordnung der Welt im Gegensatz zu der weitaus geringeren Komplexität eines technischen Artefakts niemals vollkommen ergründen und begreifen können.

Dies hat Konsequenzen für die Nachhaltigkeit. So steht der Mensch vor jeder nachhaltigen Entwicklung vor dem Dilemma, die Rolle der Teile, die er beispielsweise dem Weltganzen hinzufügt, nicht vollständig zu verstehen, wenn er das Ganze nicht kennt. »Denn man kennt nicht den Teil, wenn man nicht das Ganze kennt; das Ganze nämlich mißt den Teil« (NvK *de mente*, c. X, n. 127). Das Ganze ist somit das Maß seiner Teile und verleiht ihnen ihre Funktion und Rolle innerhalb des Ganzen. Daher ist die Kenntnis des Ganzen eine Bedingung der Kenntnis seiner Teile. Während das Ganze eines Fernsehgerätes oder gar das Ganze der Technik, der Wirtschaft und der Wissenschaft für den Menschen zumindest grundsätzlich verständlich ist, da er selbst der Schöpfer dieser Artefakte, Bereiche oder Künste ist, bleibt das Ganze der Natur, der Welt oder des Universums für ihn notwendig unergründlich. Denn zum Wesen oder zur Natur des Menschen gehört, dass sein geistiges Vermögen endlich, begrenzt und unvollkommen ist. Der Mensch ist nicht allwissend und kann es aufgrund seiner Natur auch niemals sein. Sein Geist ist zwar im Sinne Cusanus ein Abbild des göttlichen Geistes, aber eben nur ein Abbild. Daher bleibt er bezüglich des Ganzen, das er nicht selbst geschaffen hat, grundsätzlich unwissend. Er kann sich dem Wissen um das Ganze zwar gemäß Cusanus nähern, aber vollkommenes Wissen darüber bleibt ihm versagt. Dies bedeutet nicht, dass er daran verzweifeln soll. Im Gegenteil: Der Mensch soll sich, so Cusanus, beständig auf den Weg machen, sein begrenztes Wissen zu erweitern, wohlwissend, dass er das Ganze nie vollständig erfassen kann.

Die natürliche Endlichkeit der menschlichen Erkenntnis impliziert die Möglichkeit von Fehlern in epistemischer und poietischer Hinsicht. Wissenschaftliche Irrtümer und Mängel bei menschlichen Schöpfungsprodukten sind damit grundsätzlich unvermeidbar. Irrtümer und Fehler gehören ergo ebenso wie das begrenzte und endliche

---

[3] Eine zumindest denkbare Ausnahme ist, dass die Welt auch Teile einschließt, die keine Rolle spielen und in keinem Zusammenhang mit den anderen Teilen stehen. Die Frage, ob es solche Teile gibt und, falls ja, welche es sind, wird der Mensch aber vermutlich aufgrund seines endlichen Erkenntnisvermögens gleichfalls nicht beantworten können.

3 Die Endlichkeit der menschlichen Erkenntnis

Erkenntnisvermögen zum Wesen des Menschen. So wird beispielsweise ein weniger gut ausgebildeter Rundfunk- und Fernsehtechniker die Rolle oder Funktion eines jeden einzelnen Bauteils bereits nicht mehr benennen können. Bei komplexeren Systemen können meist nur noch wenige Experten, wenn überhaupt, die Rolle der Einzelteile und ihrer Funktion innerhalb der Ordnung ermessen, welche die Teile zu einem einheitlichen Ganzen formt. Das Ergebnis dieser natürlichen Unkenntnis sind in aller Regel kleinere oder größere Fehler, wie beispielsweise nicht intendierte und unerwünschte Technikfolgen. Dass solche Folgen aber auch mit beträchtlichen Schäden für Mensch und Natur einhergehen können, ist aus der Vergangenheit hinlänglich bekannt. Jedoch nicht nur technische Systeme sind heute komplex, sondern auch Wirtschaftssysteme. Und ebenso wie es nicht intendierte Technikfolgen mit beträchtlichen Schäden gibt, so gibt es bekanntlich auch nicht intendierte und unerwünschte Wirtschaftsfolgen mit gleichfalls beträchtlichen Schäden. Auch bei Wirtschaftssystemen zeigt sich, wie schwierig es ist, diese Systeme in ihrer Gänze zu verstehen. Dies belegen in besonders auffälliger Weise die häufig divergierenden Prognosen von Experten und Wirtschaftsweisen zur Entwicklung der Wirtschaft. Wirtschaftssysteme und technische Systeme haben mittlerweile eine Komplexität und Eigendynamik erlangt, die den Eindruck erwecken, dass der Mensch, obgleich Erfinder und Schöpfer dieser Systeme, selbst nicht mehr Herr über seine eigenen Systeme ist und rätselnd vor den vielfältigen Stellschrauben seiner Systeme steht. Die Mutmaßungen darüber, an welchen Stellschrauben wie stark und in welche Richtung zu drehen ist, um ein bestimmtes Ergebnis zu erreichen, gehen daher häufig auseinander. Dies erweckt wiederum den Anschein, dass gerade in den beiden besonders nachhaltigkeitsrelevanten Bereichen Technik und Wirtschaft zunehmend Meinungen und Mutmaßungen das Wissen über die eigenen Systeme verdrängen. Technikfolgen- und Wirtschaftsfolgenbewertung sowie eine ethische Fundierung von Technik und Ökonomie mittels einer entsprechenden Technik- und Wirtschaftsethik gehören damit zu den vorrangigen Aufgaben nachhaltiger Entwicklungen.

Das endliche und unvollkommene Erkenntnisvermögen des Menschen erscheint im Hinblick auf nachhaltige Entwicklungen als ein Dilemma. Denn kein Mensch kann mit Gewissheit beurteilen, in welcher Weise sich seine wohlgemeinten Entwicklungen auf das Weltganze auswirken und ob sie der Leitidee der Nachhaltigkeit gerecht werden. Das globale Projekt Nachhaltigkeit muss folglich stets mit Fehlschlägen rechnen. Hieraus kann allerdings kein Grund für das Aufgeben dieses Projektes abgeleitet werden. Im Gegenteil: Wird das Projekt der Nachhaltigkeit beständig kritisch und selbstkritisch begleitet, so kann es sich zu einem selbst korrigierenden Unternehmen entwickeln, dem die Leitidee der Nachhaltigkeit, die eine normative Setzung ist, als regulativer Maßstab und Orientierungshilfe dient. Auch dies ist wieder ganz im Sinne von Cusanus, der übergeordnete Ideen oder Urbilder als Maß und Wahrheit ihrer praktischen Umsetzung begründet.

## 4 BELEHRTE UNWISSENHEIT

Im vorigen Abschnitt wurde das begrenzte und endliche Erkenntnisvermögen des Menschen in Bezug auf seine Erkenntnis der Welt und seine Schöpfungskünste, zu denen auch seine nachhaltigen Entwicklungen gehören, als ein menschliches Wesensmerkmal dargestellt. Dieses zeigt sich vor allem darin, dass der Mensch niemals mit Gewissheit vorhersagen kann, wie sich seine Schöpfungsprodukte ins Weltganze einfügen. Und er wird daher auch niemals mit Gewissheit voraussagen können, welche Wechselbeziehungen seine Schöpfungsprodukte einerseits mit seinen anderen geschaffenen Produkten und andererseits mit dem Weltganzen eingehen werden. Genau hierin gründet die inhärente Gefahr unerwünschter, nicht beabsichtigter und kontranachhaltiger Folgen, seien es Technikfolgen, Wirtschaftsfolgen oder andere. Dies ist zweifelsfrei ein Manko. Doch eröffnet dieses Manko auch eine Chance. Diese besteht prima facie darin, sich der immanenten humanen Unwissenheit bewusst zu werden und die daraus richtigen Konsequenzen zu ziehen. Die Chance ist somit an die Forderung geknüpft, sich über die grundsätzliche menschliche Unwissenheit zu belehren. Diese belehrte Unwissenheit, der Cusanus sein philosophisch-theologisches Hauptwerk *De docta ignorantia* (*Die belehrte Unwissenheit*) widmet, erweist sich damit aus philosophischer Sicht (die theologische wird hier ausgeklammert) als idealer epistemischer und zugleich praktischer Ausgangspunkt: epistemisch, weil das Wissen um das eigene Unwissen ein sicheres Wissen ist, und praktisch, weil dieses Wissen zur Bescheidenheit mahnt und vor Überheblichkeit schützt. Sie ist damit für nachhaltige

Entwicklungen unerlässlich. Denn wer sich über seine grundsätzliche Unwissenheit in Bezug auf das Weltganze belehrt und damit seine grundsätzliche Fehlerhaftigkeit sowohl im Theoretischen wie im Praktischen anerkennt, ist auf dem Weg der Nachhaltigkeit bereits ein gutes Stück voran gekommen.

Nachhaltige Entwicklung erfordert Bescheidenheit, beispielsweise in der Nutzung von Ressourcen, sowie eine beständige kritische, selbstkritische und ethische Begleitung. Der Gegenpol dieser nachhaltigen Entwicklung ist die zügellose Entwicklung. In ihr werden das Unwissen ignoriert, Grenzen nicht anerkannt und in Anbetracht möglicher Folgen die Augen verschlossen. Gegenüber Kritik ist sie taub und Selbstkritik wird ablehnt. Ihr Motto ist: Was möglich ist, das wird realisiert. Eine derartige Entwicklung, gleich in welchem Bereich, wird der Idee der Nachhaltigkeit nicht gerecht. Sie ist in jeder Hinsicht kontranachhaltig.

Die mit der Belehrung über die Unwissenheit einhergehende Bescheidenheit ist nicht das Ende der Entwicklung in den unterschiedlichen Bereichen, sondern ein neuer Anfang. Denn dieser führt zu Entwicklungen, in dessen Zentrum nicht primär die technische Funktion oder die monetäre Gewinnmaximierung stehen, sondern das Wohl des Menschen, der Gesellschaft und der Natur als unabdingbare Lebensgrundlage menschlichen Daseins. Er führt somit zu Entwicklungen, die zurecht das Prädikat nachhaltig tragen. Siehe hierzu auch Kapitel VI.

## 5 EXKURS: CUSANUS UND DIE WISSENSCHAFTEN

Die durch Cusanus begründete anthropologische These der Endlichkeit, Begrenztheit und Unvollkommenheit des menschlichen Erkenntnisvermögens und die durch ihn entwickelte Theorie der belehrten Unwissenheit - der docta ignorantia - lassen ihn auf den ersten Blick als einen Philosophen und Theologen erscheinen, der an Wissenschaft und Fortschritt nicht sonderlich interessiert ist und ihnen gegenüber sogar skeptisch und abgeneigt eingestellt ist. Diese Vermutung ist falsch. Richtig ist vielmehr das Gegenteil. Denn Cusanus fordert zum wissenschaftlichen Arbeiten und Fortschreiten ausdrücklich auf (Kapitel VI). Er ist als Philosoph des Übergangs vom Mittelalter zur Renaissance ein Wegbereiter der modernen, mathematisch fundierten, empirischen Wissenschaften, was im folgenden Exkurs zu begründen ist. Der Exkurs dient aber auch der Aufdeckung weiterer Spuren der Nachhaltigkeit im Werk des Cusanus.

Dass Cusanus nicht nur Theologe und Philosoph war, sondern selbst wissenschaftlich wirkte, demonstriert vor allem sein Werk *Idiota de staticis experimentis*, in dem er zahlreiche Experimente mit der Waage vorschlägt und dabei detailliert beschreibt, wie allein mit einer Waage ganz unterschiedliche physikalische, biologische, meteorologische und medizinische Größen gemessen werden können. Ganz im Sinne einer modernen Experimentalphysik schlägt er vor, die Ergebnisse systematisch in Tabellen (heute würde man Laborbücher sagen) zu erfassen und auszuwerten. Cusanus ist auch ein begabter Mathematiker, der mit Vorliebe mathematische Analogien heranzieht, um seine philosophisch-theoretischen Ableitungen zu veranschaulichen. Cusanus ist also nicht nur gegenüber der Mathematik und den Naturwissenschaft aufgeschlossen, sondern selbst in beiden Bereichen aktiv und schöpferisch tätig (vgl. Reiss 2016).

Die Wissenschaften begründet Cusanus als menschliche Künste (ars humana). Dies bedeutet, sie sind genuine Schöpfungsprodukte des Menschen, die im menschlichen Geist ihren Ursprung und ihr Urbild haben. Er stimmt mit Aristoteles überein, dass »alle Künste und Wissenschaften zum Ausgleich natürlicher Mängel gereichen« (NvK *concordantia catholica*, liber III, n. 268-275). Zu den wissenschaftlichen Künsten zählt Cusanus unter vielen anderen die »Wissenschaft der Astronomie«[4] und die rationale Ethik als Moralwissenschaft - moralibus scientiis (NvK *compendium*, c. II, n. 4 und c. VI, n. 18, ebenso in *Sermo* CCLIII).

Zu den menschlichen Künsten rechnet Cusanus auch alle mechanischen Künste, die heute allgemein unter den Begriff der Technik fallen. Denn auch sie sind ureigene, kreative Schöpfungsprodukte des Menschen (Franz 2012). Und auch sie gereichen zum Ausgleich natürlicher Mängel. »Durch sie schafft der Mensch einen Ausgleich für die Mängel in seiner Sinneswahrnehmung und an seinen Gliedmaßen und für Krankheiten« (NvK *compendium*, c. VI, n. 17). Dass Cusanus auch von diesen technischen Künsten in besonderer Weise angetan war, belegt seine folgende technikaffirmative Äußerung, die den praktischen Nutzen technischer Artefakte für das Leben des

---

[4] »Die Mannigfaltigkeit der Sternbewegungen zur Gleichheit zurückführen ist die Wissenschaft der Astronomie« (NvK *de aequalitate*, n. 27).

## 5 Exkurs: Cusanus und die Wissenschaften

Menschen und für die Gesellschaft hervorhebt. »Denn allein der Mensch hat entdeckt, wie eine brennende Kerze das Fehlen des Lichtes ausgleicht, so daß er sieht, und wie man bei schlechtem Sehen durch eine Brille abhilft, wie man optische Täuschungen durch die Kunst der Perspektive korrigiert, wie man rohe Speise dem Geschmack durch das Kochen anpaßt, üble Gerüche durch duftendes Räucherwerk vertreibt, die Kälte durch Kleider, Feuer und ein Haus, die Langsamkeit durch Fahrzeuge und Schiffe, die Verteidigung durch Waffen, das Gedächtnis durch Schriften und die Kunst der Erinnerung unterstützt« (a.a.O., c. VI, n. 18). Die Technik ist zwar, wie dieses Zitat belegt, für das Wohlbefinden des Menschen nützlich. Aber sie ist diesbezüglich nicht hinreichend. Hierzu bedarf es neben den vielfältigen anderen Künsten vor allem auch der Ethik. Technik *und* Ethik sind für Cusanus gleichermaßen notwendig für das Glück und Wohlbefinden des Menschen. Beide gründen auf der natürlichen, schöpferischen Kreativität des Menschen und seinem natürlichen Streben nach Erkenntnis und Wissen: »Denn ohne die Technik, die freien Künste, die Ethik [moralibus scientiis; jhf] und die theologischen Tugenden hat er keinen Bestand in Glück und Wohlbefinden. Da also die Erkenntnis für den Menschen notwendiger ist als für alle übrigen Lebewesen, verlangen alle Menschen von Natur aus zu wissen« (a.a.O., c. II, n. 4). In diesem Zitat werden zwei für den gesamten Bereich der Nachhaltigkeit bedeutsame Einsichten ausgesprochen. Erstens zielen alle menschlichen Künste, wozu auch die Technik und die Ökonomie gehören, primär auf das Glück und Wohlbefinden des Menschen. Zweitens sind zum Erreichen dieser humanen Ziele die technischen Künste und ihre materiellen Artefakte allein nicht hinreichend; Ethik und entsprechende Tugenden sind dazu gleichermaßen erforderlich.[5] So haben nachhaltige Entwicklungen stets auch eine moralische Dimension.

Obgleich Cusanus den Wissenschaften und der Technik einen praktischen Nutzen zuspricht, ist ihre primäre Aufgabe für den Philosophen und Theologen doch eine andere. Beide haben vor allem eine Erkenntnisfunktion, die jedoch nicht auf den sinnlichen Bereich begrenzt ist, sondern auf das Weltganze und über dieses hinaus auf

---

[5] Im aufgeführten Zitat nennt Cusanus nur die theologischen Tugenden. In puncto Nachhaltigkeit sind allerdings die rationalen, weltlichen Kardinaltugenden von größerer Relevanz (siehe unten). Diese nennt Cusanus gleichfalls in seinem *Compendium* und zwar im c. VI, n. 16.

## Kapitel IV  Cusanus: Ein Wegbereiter der Nachhaltigkeit

Gott ausgerichtet ist. Jede Erkenntnis beginnt zwar im empirischen Bereich der Sinne (sensus) oder, wie im Falle der Mathematik, bereits im darüber liegenden Bereich des Verstandes (ratio). Von da aus schreitet sie aber sukzessive über den Bereich der Vernunft (intellectus) zur Erkenntnis des Einen und Ganzen der Welt und schließlich zur Schau Gottes empor. In dieser Erkenntnis des Ganzen und Einen, die durch Wissenschaft und Technik lediglich initiiert wird, gründet das wahre Glück und Wohlbefinden des Menschen. Cusanus begründet somit eine Wissenschaft und Technik, die epistemologisch auf das geordnete, einheitliche Weltganze und praktisch auf das Seelenheil des Menschen fokussiert sind. Technik und Wissenschaft stehen folglich primär im Dienste des Seelenheils, das mit dem wahren Glück und Wohlbefinden identifiziert wird, und erst sekundär im Dienste eines bloß materiellen, wirtschaftlichen Nutzens. Dieser materielle Nutzen ist für das tägliche Leben des Menschen und für die Befriedigung seiner Grundbedürfnisse zweifelsfrei notwendig. Und mit diesem Nutzen ist häufig auch ein sinnliches Glück und Wohlbefinden verknüpft. Dies wird durch Cusanus nicht bestritten, womit er wiederum mit Aristoteles übereinstimmt.[6] Allerdings ist dieses sinnliche Glück und Wohlbefinden in aller Regel nicht von langer Dauer und zudem vielfältigen Veränderungen, Störungen und Kontingenzen unterworfen. Es vermag daher den Menschen nicht diejenige Orientierung zu geben, die ihnen ermöglicht, ihrem Leben eine verlässliche Struktur und Ordnung zu geben. Erst eine von kurzfristigen Einflüssen unabhängige Lebensstruktur lässt die Seele zu jener Ruhe kommen, die Cusanus als Seelenheil bezeichnet, und die den Menschen ein wahres und somit *nachhaltiges Glück und Wohlbefinden* ermöglicht. Es ist die durch Technik und Wissenschaft initiierte Erkenntnis des Einen und Ganzen, die eine Selbsterkenntnis und Selbstbelehrung einschließt, die dem Menschen eine Orientierung im Weltganzen vermittelt. Im Gegensatz zu den mannigfaltigen Dingen der Welt, die ständig in Bewegung sind, fortlaufend Veränderungen erfahren und zufäl-

---

[6] Aristoteles scheidet in seiner *Nikomachischen Ethik* »drei Arten von Gütern: äußere Güter, Güter der Seele und Güter des Leibes. Von diesen gelten die der Seele als die wichtigsten, als Güter im vollkommenen Sinne.« Denn sie ermöglichen das Endziel der Eudämonie (Glückseligkeit), das dem cusanischen wahren Glück entspricht. Aristoteles schränkt aber kurz darauf ein: »Indessen bedarf dieselbe [die Eudämonie; jhf], wie gesagt, auch wohl der äußeren Güter, da es unmöglich oder schwer ist, das Gute und Schöne ohne Hilfsmittel zur Ausführung zu bringen« (Aristoteles *Nikomachische Ethik*, 1098b und 1099a).

## 5 Exkurs: Cusanus und die Wissenschaften

ligen Einflüssen unterworfen sind und daher eine Orientierung schwierig und unverlässlich machen, erweist sich das Ganze und Eine als ruhender Pol und damit als ein verlässlicher Orientierungspunkt. Für nachhaltige Entwicklungen, die per definitionem der Idee einer humanen Welt und damit dem Wohlbefinden des Menschen verpflichtet sind, ist hieraus der folgende Schluss zu ziehen: Lebensqualität, Glück und Wohlbefinden erschöpfen sich nicht in rein materiellen oder wirtschaftlichen Faktoren, sondern fordern gleichermaßen immaterielle. Beide sind bei nachhaltigen Entwicklungen im gleichen Grad zu berücksichtigen. Das Werk des Cusanus kann somit als eine Mahnung verstanden werden, dies nicht zu vergessen.

Auch in der wissenschaftlichen Astronomie leistete Cusanus herausragendes. So begründet er etwa einhundert Jahre vor Nikolaus Kopernikus, dass die Erde ein Stern ist, der nicht ruht, sondern sich so wie alle anderen Sterne bewegt.[7] Er begründet dies nicht wie Kopernikus oder später Galileo Galilei und Johannes Kepler empirisch mittels Messungen und Beobachtungen, sondern philosophisch-theologisch mit der These, dass die Kreisbewegung vollkommener ist als alle anderen Bewegungen und die Kugelgestalt vollkommener ist als alle anderen Gestalten. »Die vollkommenere Bewegung ist also die Kreisbewegung und die vollkommenere Körpergestalt ist darum die Kugel« (NvK *docta ignorantia* liber II, c. XII, n. 163). Hieraus folgert Cusanus: »Darum ist jede Bewegung eines Teiles wegen der Vollkommenheit auf das Ganze gerichtet wie das Schwere gegen die Erde und das Leichte nach oben, die Erde zur Erde, das Wasser zum Wasser, die Luft zur Luft, das Feuer zum Feuer. Die Bewegung des Ganzen nähert sich nach Möglichkeit der Kreisbewegung an und jede Gestalt der Kugelgestalt, wie wir das bei den Teilen der Lebewesen, den Bäumen und dem Himmel erfahren. Die eine Bewegung ist demnach kreisförmiger und vollkommener als die andere. Ebenso sind auch die Gestalten verschieden« (ebd.). Und hieraus deduziert er schließlich den entscheidenden Schluss: »Die Gestalt der Erde ist also edel und kugelförmig, *ihre Bewegung kreisförmig*, sie könnte jedoch vollkommener sein« (a.a.O., n. 164, Kursivsetzung durch jhf). Die Erde ist ergo nicht der ruhende Punkt im Universum, wie noch im christlich-scholastischen, ptolemäischen Weltbild

---

[7] Kopernikus publizierte diese Erkenntnis 1543 in seinem Hauptwerk *De Revolutionibus Orbium Coelestium* und Cusanus 1440 in seinem dreibändigen Werk *De docta ignorantia*.

Kapitel IV Cusanus: Ein Wegbereiter der Nachhaltigkeit

angenommen. Sie ist in Bewegung und zwar nicht auf einer idealen Kreisbahn, sondern auf einer bloß kreisförmigen Bahn. Ein paar Zeilen weiter schreibt Cusanus: »Denn würde jemand sich auf der Sonne befinden, so würde er nicht jene Helligkeit wahrnehmen, die wir sehen. Betrachtet man nämlich den Körper der Sonne, so besitzt sie gleichsam einen erdhaften Kern und eine leuchtende, gleichsam feurige Peripherie und dazwischen gleichsam eine Wolke von Wasserdampf und hellerer Luft, so wie diese Erde ihre Elemente besitzt« (ebd.). Hieraus deduziert Cusanus die zweite wichtige astronomische Konklusion: »Befände sich also jemand außerhalb der Feuerregion, so würde ihm diese Erde an der Peripherie der Region dank des Feuers als *leuchtender Stern* erscheinen, so wie uns, die wir in der Gegend der Peripherie der Sonnenregion uns befinden, die Sonne als hellleuchtend erscheint« (a.a.O., n. 165, Kursivsetzung durch jhf). Die Erde ist ergo ein Stern im Umkreis der Sonne, der einem denkbaren Außenstehenden leuchtend erscheint, da dieser Stern namens Erde ebenso wie jeder andere Stern von der Sonne (dem Feuer) angestrahlt wird. Cusanus widerspricht damit bereits vor Kopernikus einem geozentrischen Weltbild.

Die aufgeführten Quellen belegen, dass Cusanus gegenüber Wissenschaft, Mathematik und Technik besonders aufgeschlossen und in vielen wissenschaftlichtechnischen Bereichen selbst schöpferisch tätig war. Sie begründen aber vor allem, dass seine Theorie der belehrten Unwissenheit nicht im Widerspruch zur Wissenschaft und Technik stehen. Vielmehr hat die belehrte Unwissenheit selbst den Status einer Wissenschaft. Mit der Begründung der natürlichen Unwissenheit des Menschen hat diese Wissenschaft sogar eine sichere Erkenntnisbasis, auf der das natürliche Streben des Menschen nach Erkenntnis und Wissen aufbauen kann. Die belehrte Unwissenheit impliziert also nicht das Ende wissenschaftlicher Tätigkeit, sondern ihren gesicherten Anfang. Sie ist der Anfang einer Wissenschaft, die maßvoll und selbstkritisch fortschreitet und sich ihrer Irrtumsfähigkeit und Folgen bewusst ist. Es ist eine in jeder Hinsicht nachhaltige Wissenschaft.

### 6 Der Stern namens Erde und die Nachhaltigkeit

Die Erde erscheint, so Cusanus, als ein »leuchtender Stern« (ebd.). Genau hier setzt Grober seinen Nachweis an, dass zwischen den Überlegungen des Cusanus und der

6   Der Stern namens Erde und die Nachhaltigkeit

Nachhaltigkeit eine Verbindung besteht. Er zeigt, dass Cusanus bereits über 500 Jahre vor der bemannten Raumfahrt eine »Astronautenperspektive« (Grober 2010, S. 64) eingenommen hat, was aus den obigen Zitaten deutlich wird. Cusanus hält es sogar für möglich, dass auch andere Sterne bewohnt sind (NvK *docta ignorantia* liber II, c. XII, n. 169). Aber auch wenn dies der Fall wäre, so »scheint es doch [...] keine edlere und vollkommenere Ausprägung geben zu können als die Geistnatur, die hier auf dieser Erde und in ihrer Region zu Hause ist, mag es auch auf anderen Sternen Bewohner anderer Gattungen geben« (ebd.). Die Erde ist somit nach Cusanus ein ganz besonderer, ausgezeichneter Stern. Grober hat dieses cusanische Fazit den Äußerungen der Astronauten der Apollo-Missionen des 20. Jahrhunderts gegenübergestellt (Grober 2010, S. 23ff) und kommt zum Schluss »Der Befund ist derselbe: Die Erde ist der schönste Stern am Firmament« (a.a.O., S. 64). Wenn die Erde nichts weiter als ein Stern unter unzähligen anderen Sternen im unendlichen Universum ist, dann stellen sich zwei Fragen: Welche Rolle spielt die Erde im Universum? Und welche Rolle bleibt dem Menschen, der nun mit seinem Wohnort *Erde* nicht mehr im Mittelpunkt des Universums steht, um den sich alles dreht? »Gibt es eine Entwicklung?« (ebd.) fragt Grober und sucht eine Antwort im Begriff der explicatio (Entfaltung), der im Werk des Cusanus zusammen mit seinem Komplementärbegriff der complicatio (Zusammenfaltung) eine Schlüsselrolle einnimmt. »*Entwicklung* ist in jener Epoche die *Entfaltung* der den Dingen innewohnenden Anlagen« (ebd.). Genau hierin liegt eine Wurzel nachhaltiger Entwicklung. Deshalb kommt Grober zum Schluss: »Eine Rückbesinnung auf solche subtilen Bilder und Sprachvorstellungen ist heute ein lohnendes Unterfangen. Sie hilft uns, mit der Wortverbindung ›nachhaltige Entwicklung‹ angemessen umzugehen« (ebd.). Dies ist zweifelsfrei richtig.

Grober stellt die Verbindung von Cusanus und Nachhaltigkeit in aller Kürze auf eineinhalb Seiten dar, was in Anbetracht seiner Zielsetzung, nämlich die gesamte Kulturgeschichte des Begriffs der Nachhaltigkeit darzulegen, mehr als angemessen ist. Dadurch fehlt ihm allerdings der Raum, diejenigen Rollen zu analysieren, welche die Verhältnisse von complicatio und explicatio, vom Einen und Vielen und vom Ganzen zu seinen Teilen für die Nachhaltigkeit spielen. Denn, wie oben bereits begründet sind gerade diese Verhältnisse für das Verständnis und den Erfolg nachhaltiger

Entwicklungen von ausschlaggebender Bedeutung. Die Astronautenperspektive lässt intuitiv die Notwendigkeit der Bewahrung des schönsten Sterns am Firmament aufleuchten, zeigt aber nicht, welche Wege zu diesem Zweck zu beschreiten sind. Die Einsicht in das Verhältnis des Ganzen zu seinen Teilen erweist sich diesbezüglich als ein epistemologischer Wegweiser, der die Richtung zum Schutz der Erde und seiner Bewohner vorgibt. Ohne diese Einsicht kommt jede nachhaltige Entwicklung einem blinden Drehen an denjenigen Stellschrauben gleich, die gerade in Reichweite der Arme sind. Die Einsicht in das Verhältnis des Ganzen zu seinen Teilen vermittelt erstens, die Kenntnis, welche Stellschrauben es gibt, zweitens, an welchen Stellschrauben man mit Blick auf die Leitidee der Nachhaltigkeit drehen sollte und an welchen nicht, und drittens, wie stark man an den erlaubten Stellschrauben drehen darf, um dieser Leitidee gerecht zu werden. Die Crux daran ist jedoch, wie oben begründet, dass der Mensch aufgrund seiner immanent begrenzten Erkenntnis prinzipiell nicht in der Lage ist, das Ganze der Welt in seiner Vollkommenheit zu erkennen und zu begreifen. Ohne diese Erkenntnis kann er auch das Zusammenspiel der vielfältigen Teile des Weltganzen und ihre Rolle oder Funktion für dieses Ganze nicht erfassen. Sein Drehen an den Stellschrauben schließt somit unweigerlich die Möglichkeit von Fehlern ein. Der Mensch macht Fehler, Gott nicht. Fehler und Unwissenheit gehören zum Wesen des Menschen. Dies ist eine der wenigen in der Tat zweifelsfreien Erkenntnisse, denen man den Status der Wahrheit verleihen könnte. Das Wissen um die natürliche, humane Unkenntnis ist jedoch kein Anlass zur Resignation oder zum passiven Ausharren. Hier gilt vielmehr die durch Cusanus begründete Forderung an jeden Einzelnen, sich über seine grundsätzliche, fehlerverursachende Unwissenheit selbst aufzuklären und an den Anfang eines darauf aufbauenden Erkenntnisprozesses zu setzen. Es ist eine Forderung ganz im Sinne der Nachhaltigkeit.

### 7 DIE SCHÖPFERISCHE UND KREATIVE FREIHEIT DES MENSCHEN

Der Geist des Menschen ist, so begründet Cusanus, ein Abbild des göttlichen Geistes. Denn Gott schuf den Menschen nach seinem Ebenbild. Hieraus folgert Cusanus, dass der Mensch, ebenso wie Gott, schöpferisch tätig werden kann. Während aber Gott der Schöpfer der natürlichen Dinge ist, wozu der Menschen gehört, ist

7 Die schöpferische und kreative Freiheit des Menschen

der Mensch der Schöpfer der künstlichen Dinge. Er hat somit das Vermögen zur menschlichen Kunst, zur ars humana, welche die göttliche Kunst, die ars divina, spiegelt oder symbolisiert. Zu den menschlichen Künsten zählt Cusanus die Technik als mechanische Kunst, die Wissenschaft als geistige Kunst und die Mathematik als reine Verstandeskunst. Zu den Artefakten, die der Mensch durch diese Künste hervorbringt, gehören stoffliche und geistige. Zu den stofflichen gehören beispielsweise Häuser und zu den geistigen alle Erkenntnisse und Mutmaßungen (coniecturis) der verschiedenen Einzelwissenschaften. Auch alle nachhaltigen Entwicklungen gehen aus diesen Künsten hervor, auch wenn Cusanus als Kind seiner Zeit sie noch nicht zu nennen vermochte. Denn auch sie entspringen der menschlichen Schöpfungskraft, Neues zu erfinden. Alle durch den Menschen hervorgebrachte Schöpfungsprodukte oder Artefakte, seien sie materieller oder immaterieller Art, haben also ihren Ursprung oder ihr Urbild im kreativen, schöpferischen Geist des Menschen. Sie sind somit die sinnenfälligen Abbilder dieser geistigen Urbilder.

Der Mensch unterscheidet sich nach Cusanus von der Materie dadurch, dass er nicht wie ein Stein den Naturgesetzen folgt, sondern frei ist (Kapitel II): »So sehen wir, daß in einer einzigen eigengestaltlichen Bewegung alle, die derselben Eigengestalt angehören, gleichsam auf Grund eines eingegebenen Naturgesetzes gezwungen und bewegt werden. Durch keinen solchen Zwang wird unser königlicher und herrscherlicher Geist in Zaum gehalten. Ansonsten würde er nichts erfinden, sondern nur den Anstoß der Natur ausführen« (NvK *ludo globi*, liber I, n. 35). Ohne seine Freiheit, dies wird hier deutlich, würde der Mensch so wie ein Stein »nur den Anstoß der Natur ausführen« und allein den physikalischen Naturgesetzen folgen. Es ist die Freiheit, die dem Menschen ermöglicht, kreativ und schöpferisch zu wirken und Neues zu erfinden. Alle menschlichen Künste gründen folglich auf dieser Freiheit. Dies gilt daher uneingeschränkt auch für die fachbereichsübergreifende - Cusanus würde sagen: kunstübergreifende - Nachhaltigkeit. Auch sie ist eine auf Freiheit gründende ars humana. Wenn Ingenieure, Techniker oder Ökonomen dem Ziel der Nachhaltigkeit folgen, dann planen, konzipieren, entwickeln, entscheiden und realisieren sie. Dabei führen sie sowohl geistige Aktivitäten als auch körperliche Handlungen aus. Nachhaltigkeit ist somit ebensowenig ein bloßes Ding wie die Technik oder die Ökonomie, sondern gründet auf Handeln und zwar auf nachhaltigem Handeln. Nachhaltige Entwicklungen sind ergo stets eine Form menschlichen Handelns. Sie sind Handlungen in Freiheit. Dies hat Konsequenzen. Als freies Handeln unterliegen nachhaltige Entwicklungen nicht wie das Herabfallen eines Steines den Naturgesetzen. In Freiheit ausgeführte Handlungen sind zu begründen, nicht zu erklären. Sie folgen Gründen, nicht Ursachen oder naturgesetzlichen Zwängen. Handlungen im Bereich der Nachhaltigkeit sind folglich auch nicht wertfrei. Sie und ihre Folgen sind daher ebenso zu verantworten wie technische und ökonomische Handlungen und ebenso wie Alltagshandlungen. Nachhaltige Handlungen unterstehen daher auch in gleicher Weise moralischen Regeln und Normen wie Alltagshandlungen. Die Nachhaltigkeit wird damit zu einem Gegenstand der Ethik als Moralwissenschaft im Allgemeinen und einer Nachhaltigkeitsethik im Besonderen. Eine solche Nachhaltigkeitsethik kann das nachhaltige Handeln theoretisch fundieren und ein entsprechender Ethikkodex der Nachhaltigkeit das nachhaltige Handeln praktisch orientieren. Cusanus legt mit seiner Begründung der ars humana als freies Handeln also bereits zu Beginn der Renaissance den Grundstein zu einer ethischen Fundierung nachhaltiger Entwicklungen und damit zu einer Ethik der Nachhaltigkeit.

Mit der These, dass alle menschlichen Künste auf Freiheit gründen, erweist sich Cusanus erneut als ein erstaunlich modern denkender Philosoph. Denn damit verortet er diese Künste und mit diesen die fachbereichsübergreifende Kunst der Nachhaltigkeit in den Bereich der Gründe, der Moral, der Werte und der Normen und damit in die Ethik.

## 8 ETHIK DER NACHHALTIGKEIT IM CUSANISCHEN GEIST

Nachhaltigkeit bedarf aus zumindest drei Gründen einer ethischen Fundierung. Erstens ist jede nachhaltige Entwicklung eine Form menschlichen Handelns und als solche eo ipso ein Gegenstand der Ethik im Allgemeinen und der Bereichsethiken im Besonderen. Zweitens stehen das Wohl des Menschen, der Gesellschaft und der Natur im Zentrum der Nachhaltigkeit. Drittens ist die Verwirklichung der Leitidee der Nachhaltigkeit selbst bereits eine moralische Verpflichtung. Denn mit jeder nachhaltigen Entwicklung wird die moralische Aufgabe übernommen, den gegenwär-

## 8 Ethik der Nachhaltigkeit im cusanischen Geist

tigen und zukünftigen Generationen ein menschenwürdiges Leben zu ermöglichen und ihnen die Befriedigung ihrer Bedürfnisse in einer sozial und ökologisch intakten Umwelt zu gewährleisten. Nachhaltiges und moralisches Handeln kann man folglich nicht trennen. Eine ethische Begleitung nachhaltiger Entwicklungen ist daher zwingend. Nachhaltigkeit ohne Ethik ist nicht möglich.

Im Folgenden wird das Ziel verfolgt, eine Ethik der Nachhaltigkeit im cusanischen Geist zu skizzieren und darauf aufbauend ein Ethikkodex der Nachhaltigkeit im cusanischen Geist zu entwickeln. Dabei kann auf die Resultate des vorigen Kapitels zurückgegriffen werden, in dem eine cusanische Technikethik konzipiert wurde. Daher werden auch innerhalb der Ethik der Nachhaltigkeit die folgenden drei Aspekte eine besondere Rolle spielen: Erstens die vier Schlüsselbegriffe der cusanischen Ethik, nämlich Gleichheit, Gerechtigkeit, Goldene Regel und Kardinaltugend, zweitens die praktischen Implikationen seiner theoretischen Philosophie und drittens das den Menschen inhärente Streben nach Vollkommenheit. Die Resultate der cusanischen Technikethik werden im Folgenden allerdings erweitert werden müssen. Denn nachhaltiges Handeln ist in allen Fach- und Lebensbereichen gefordert, nicht nur im Bereich der Technik.

Wirtschaftliches Wachstum und technischer Fortschritt gelten heute als Prämissen des Wohlstands. Dabei sind Nutzen und Lasten des wirtschaftlichen Wachstums und des technischen Fortschritts sowohl lokal wie global stark ungleich verteilt. Die Herstellung von Verteilungsgerechtigkeit, Generationengerechtigkeit und Chancengleichheit bezüglich Wohlstand, Lebensqualität, Bildung und Arbeit gehört folglich zu den dringlichsten Aufgaben nachhaltiger Entwicklungen. Wie im vorigen Kapitel gezeigt wurde, ist die Gleichheit im Werk des Cusanus ein zentraler philosophischer *und* theologischer Begriff. Theologisch in dem Sinne, dass Maß und Urbild der Gleichheit allein bei Gott zu finden ist. Im Irdischen kann es folglich keine Gleichheit geben, sondern nur Ähnlichkeiten. Nichts auf Erden ist somit exakt einem anderen gleich. Es wird folglich stets Abweichungen geben, seien diese auch noch so klein und nur mittels hochgenauer Messinstrumente zu bestimmen. Ebenso steht es mit der Gerechtigkeit (iustitia), die unmittelbar aus der Gleichheit hervorgeht, wie Cusanus in seinem Werk *De aequalitate* (Die Gleichheit) begründet. Ohne Gleichheit gibt es folglich keine Gerechtigkeit. Wenn es auf Erden keine vollkommene Gleichheit gibt, dann gibt es ergo auf ihr auch keine vollkommene Gerechtigkeit.

Cusanus vergleicht die Gerechtigkeit mit einer Waage: »Die intellektuelle Gerechtigkeit ist eine lebendige Waage. Allein der Mensch erfindet durch den Intellekt mittels der Waage die gerechten Gewichte und Maße der Dinge. Der Intellekt ist also Richter oder lebendige Waage« (NvK *Sermo* CCXLVIII, n. 6, 7-11). Mit Blick auf die Nachhaltigkeit ist in diesem Zitat zweierlei von Bedeutung. Erstens: Der Mensch wird als Erfinder der gerechten Gewichte und Maße ausgezeichnet. Dies ist in Übereinstimmung damit, das der Mensch gemäß Cusanus nicht nur stoffliche Dinge erfindet, sondern auch geistige. Zu Letzteren gehören auch alle Begriffe der menschlichen Sprache (Borsche 2017) und damit der Begriff der Gerechtigkeit. Als Erfinder dieses Begriffs kann der Mensch ihn ändern, verbessern und seinen Inhalt festsetzen. Zweitens: Die Waage der Gerechtigkeit wird als »lebendige« (ebd.) prädiziert. Der Begriff der Gerechtigkeit ist folglich kein statischer, sondern ein dynamischer, der das Potential zur Veränderung, zur Verbesserung und zur Vervollkommnung hat. Und dieses Potential liegt in den Händen des Menschen bzw. in der Kraft seines Geistes. Er ist mittels seiner Vernunft fähig, Gerechtigkeit zu vervollkommnen. Dies bedeutet, er muss sich nicht damit abfinden, dass es auf Erden keine vollkommene Gleichheit und Gerechtigkeit gibt. Wohlwissend, dass die vollkommene Gerechtigkeit niemals erreichbar ist, so kann er sie doch beständig verbessern. Damit besitzt er die Fähigkeit, die oben genannten Aufgaben nachhaltiger Entwicklung grundsätzlich leisten zu *können*, nämlich Verteilungsgerechtigkeit, Generationengerechtigkeit und Chancengleichheit herzustellen. Es sind Aufgaben, die moralisch geboten sind, d.h. Verteilungsgerechtigkeit, Generationengerechtigkeit und Chancengleichheit *sollen* nachhaltig hergestellt werden.

Nachhaltigkeit ist ebenso wie Gerechtigkeit und Gleichheit kein statischer Begriff, sondern gleichfalls ein dynamischer. Er steht für den lebendigen Aufruf, handelnd eine gerechte Welt zu schaffen, in der die Menschen uneingeschränkt die gleichen Rechte und Pflichten haben. Nachhaltigkeit ist Menschenrechte leben. »Das Leben in der Gemeinschaft ist in dem Maße gerecht, in dem die zu dieser Gemeinschaft zählenden Mitglieder in gleicher oder vergleichbarer Weise behandelt werden.« Dieses

## 8 Ethik der Nachhaltigkeit im cusanischen Geist

Zitat stammt nicht, wie man vielleicht vermuten könnte, aus einem Buch zum Thema Nachhaltigkeit, sondern aus einem Buch über Ethik und Politik im Werk des Cusanus (Krieger & Thomas 2007, S. 76, ähnlich auch S. 26f). Das Gebot, du sollst nachhaltig Handeln, wäre damit sicherlich eines, das die Zustimmung Cusanus findet. Und zwar nicht nur auf Grund der Bedeutung, welche die beiden Begriffe Gleichheit und Gerechtigkeit in seiner Ethik einnehmen, sondern auch wegen der Vervollkommnung, nach der jeder Mensch laut Cusanus strebt bzw. streben sollte (Kapitel III).

Wie zentral der Begriff der Gleichheit in der Ethik des Cusanus ist, zeigt auch das folgende Zitat: »Nimmt man die Gleichheit weg, so schwindet die Klugheit, die Mäßigung und jede Tugend, denn diese besteht in der Mitte, d.h. Gleichheit« (NvK *de aequalitate*, n. 27). Dies bedeutet, dass in der »Gleichheit alle sittliche Kraft eingefaltet ist und daß es keine Tugend geben kann als in der Teilhabe an dieser Gleichheit« (NvK *de coniecturis* II, c. XVII, n. 183). Gleichheit, Gerechtigkeit, der sichere Weg, das Gute, das Richtige, Mäßigung, Tugend und sittliche Kraft: alle diese Begriffe, die in der cusanischen praktischen Philosophie eine zentrale Rolle haben, sind ohne Einschränkung auch in der Nachhaltigkeitsdebatte von ethischer Bedeutung. Es sind Schlüsselbegriffe der Nachhaltigkeit. Denn Nachhaltigkeit bedeutet, den richtigen Weg zu einer humanen Welt zu finden, die durch Verteilungsgerechtigkeit, Generationengerechtigkeit, Chancengleichheit, Mäßigung im Konsum, Mäßigung im Energie- und Ressourcenbedarf und, last but not least, durch sittliche Kraft und Tugend geprägt ist. Wenn es folglich gelingt, sittliche Kraft für eine gerechte Welt zu entfalten und den dazu richtigen und sicheren Weg einzuschlagen, dann kann eine Welt geschaffen werden, in der alle Menschen die *gleiche* Chance eines menschenwürdigen Lebens haben. Die ethische Bedeutung des cusanischen Werks für die gegenwärtigen Fragen und Probleme der Nachhaltigkeit besteht somit darin, die enge und untrennbare Verknüpfung der Gleichheit mit der Gerechtigkeit, der Mäßigung, dem Guten, dem Richtigen und der sittlichen Kraft in Erinnerung zu rufen.

Ohne Gleichheit (G) gibt es, wie Cusanus begründet, keine Mäßigung (M) oder in formallogischer Notation: $\sim G \supset \sim M$. Als Umkehrschluss folgt: $M \supset G$. Das heißt: Aus Mäßigung folgt Gleichheit. In der Sprache der Nachhaltigkeit formuliert, stellt sich dieser Schluss wie folgt dar: Nur wenn die Menschen lernen, sich im Konsum, im

Energie- und Ressourcenbedarf zu mäßigen, nur dann besteht Aussicht eine Welt zu schaffen, in der alle Menschen *gleich*ermaßen ein menschenwürdiges Leben führen können. In ähnlicher Weise können auch die anderen Schlüsselbegriffe in eine Formel der Nachhaltigkeit überführt werden, die auf der rechten Seite jeweils die Gleichheit als Grundbedingung der Möglichkeit eines menschenwürdigen Lebens aufweist.

Gleichheit und Gerechtigkeit herstellen, bedeutet nach Cusanus der Goldenen Regel folgen. Denn nach Cusanus spiegeln sich Gleichheit und Gerechtigkeit in dieser Regel wider, die ein »Abglanz der Gleichheit« (NvK *compendium*, c. X, n. 34) ist. Gleichheit, Gerechtigkeit und Goldene Regel sind zwar keine genuin cusanischen Begriffe, aber die für die Nachhaltigkeitsdebatte bedeutsame Verknüpfung dieser drei Begriffe zu einer Trias findet sich in dieser Deutlichkeit erstmals bei Cusanus. Alle drei Begriffe weisen in der cusanischen Deutung darauf hin, dass ein Zuviel und ein Zuwenig vermieden werden sollen. Der richtige Weg ist nach Cusanus in Übereinstimmung mit Aristoteles nicht der Weg der Extreme, sondern derjenige der Mitte. »[I]n der Mitte der Gleichheit wirst du auf dem sichersten Weg sein« (NvK *de coniecturis* II, c. XVII, n. 183). Nachhaltige Entwicklungen stehen vor der permanten Aufgabe, diesen sicheren Weg zwischen den kontranachhaltigen Extremen zu finden.

Über die Gleichheit gewinnt auch der Begriff der Tugend an Bedeutung, weil es »keine Tugend geben kann als in der Teilhabe an dieser Gleichheit« (ebd.). Eine besondere Rolle spielt dabei der Begriff der Kardinaltugend, da er als weiterer Schlüsselbegriff der cusanischen Ethik gleichfalls für nachhaltiges Handeln unverzichtbar ist. Denn nachhaltiges Handeln ist tugendvolles Handeln und als solches moralisches Handeln. Die Kardinaltugenden, die Cusanus im *Compendium* (c. VI, n. 16) als eine Verstandesleistung des Menschen nennt, mögen heute zwar antiquiert erscheinen, was aber nicht impliziert, dass sie für die Gegenwart bedeutungslos oder obsolet sind. Im Gegenteil: Gerade für nachhaltige Entwicklungen sind die vier Kardinaltugenden - Einsicht (oder Weisheit), Tapferkeit, Maßhalten und Gerechtigkeit - von beachtlicher Aktualität. Worin besteht sie?

(i) Die Kardinaltugend der Gerechtigkeit wurde bereits oben als ein Schlüsselbegriff der Nachhaltigkeit ausgewiesen und mit Rekurs auf das Werk des Cusanus erörtert. Es wurde deutlich, dass diese Tugend seit der Antike nicht an Bedeutung

8 Ethik der Nachhaltigkeit im cusanischen Geist

verloren hat und gerade in den zu lösenden Fragen und Problemen der Nachhaltigkeit eine besondere Rolle einnimmt. Die Lösung des Problems der gerechten Verteilung der Ressourcen und der Umweltlasten ist dabei von besonderer Dringlichkeit. Nachhaltigkeit ohne Gerechtigkeit ist nicht möglich.

(ii) Ebenso wie die Kardinaltugend der Gerechtigkeit ist auch die des Maßhaltens für nachhaltige Entwicklungen von großer Relevanz, auch wenn heute der Begriff des Maßhaltens mit Worten paraphrasiert wird, die dem Zeitgeist der Gegenwart entsprechen. Maßhalten heißt heute Ressourceneffizienz, Energieeffizienz oder Materialeffizienz. Was ist aber Ressourceneffizienz anderes als mit den begrenzt verfügbaren Ressourcen sparsam umzugehen und sie nicht über das Maß hinaus zu verbrauchen? Ressourceneffizienz ist Maßhalten, ebenso wie Energie- und Materialeffizienz Maßhalten sind. Strittig ist die Frage, wie groß das Maß ist? Nach welchen Kriterien soll entschieden werden, wann das Maß überschritten ist? Wer legt diese Kriterien fest? Wie sind diese Kriterien zu begründen? Und falls es alternative Kriterien gibt, nach welchen Kriterien oder Regeln soll über die Wahl der Kriterien entschieden werden? Hier bahnt sich, sofern kein Konsens gefunden wird, ein regressus in infinitum an oder zumindest das ebenso schwierige Problem der Letztbegründung. Wer ist am Finden des Konsens zu beteiligen? Die Verknüpfung der besonderen Herausforderung des Maßhaltens mit derjenigen der Gerechtigkeit ist hier unverkennbar.

(iii) Während der Bezug der beiden Kardinaltugenden Gerechtigkeit und Maßhalten zur Nachhaltigkeit deutlich ist, offenbart sich der Zusammenhang von Tapferkeit und Nachhaltigkeit nicht auf den ersten Blick. Der Grund hierfür ist, dass die Kardinaltugend der Tapferkeit primär mit tapferen, körperlichen Handlungen in Verbindung gebracht wird, beispielsweise mit militärischen, die auch heute noch in vielen Nationen mit Tapferkeitsmedaillen ausgezeichnet werden. Geistige Aktivitäten und Leistungen stehen aber in puncto Tapferkeit den körperlichen Handlungen keineswegs nach. Zu behaupten, dass die Sonne und nicht die Erde im Mittelpunkt steht, war im Mittelalter lebensgefährlich, auch wenn diese Behauptung nach wissenschaftlichen Kriterien wohl begründet war. Den durch Immanuel Kant prägnant formulierten Wahlspruch der Aufklärung »Habe Mut dich deines *eigenen* Verstandes zu bedienen!« (Kant 1784, AA VIII, S. 35) haben im Nationalsozialismus nicht nur die Geschwister Scholl mit dem Leben bezahlt, die mit Flugblättern über die verbrecherischen Machenschaften des nationalsozialistischen Regimes aufklärten. Offen seine Ansicht oder Meinung zu äußern erfordert auch heute noch in vielen Nationen ein großes Maß an Tapferkeit und Mut. Nach Amnesty International wurde 2012 in 101 Ländern das Recht auf freie Meinungsäußerung unterdrückt (Amnesty International 2013). Kritik und Aufklärung spielen bei der nachhaltigen Entwicklung eine zentrale Rolle. Denn nur wenn mutig und tapfer über Missbräuche aufgeklärt und Fehlverhalten offen kritisiert wird, besteht Aussicht auf eine erfolgreiche nachhaltige Entwicklung. Dieser Erfolg ist somit unmittelbar abhängig von Personen, die den Mut und die Tapferkeit zur Aufklärung und zur Kritik aufbringen, wozu auch der Mut zur Selbstkritik gehört. Nachhaltigkeit erfordert aber auch, bekannte Wege zu verlassen und neue Wege einzuschlagen. Auch hierzu ist Mut und Tapferkeit unerlässlich. Nachhaltigkeit erfordert innovative Ideen. Personen mit Ideen sind folglich zu ermutigen, ihre Ideen offen und tapfer zu präsentieren. Ob diese Ideen sich später de facto als umsetzbar und hilfreich erweisen, spielt dabei zunächst keine Rolle. Hieraus wird deutlich, dass auch die alte Kardinaltugend der Tapferkeit an Bedeutung nicht verloren hat, auch wenn sie heute, beispielsweise im Rahmen des Strebens nach Nachhaltigkeit, ein anderes Gewand trägt.

(iv) Auch die vierte Kardinaltugend, die der Einsicht bzw. der Weisheit, ist für nachhaltige Entwicklungen unerlässlich. Die Einsicht, dass die Welt ein verletzliches Ganzes ist, die als Lebensgrundlage unseres menschlichen Daseins zu schützen und zu bewahren ist, erweist sich geradewegs als eine Notwendigkeit aller nachhaltigen Entwicklungen. Ohne die Einsicht in die komplexen Zusammenhänge des Weltganzen, das den Menschen, die Natur und die Kultur als seine Teile einschließt, ist jegliches nachhaltiges Bestreben ein blindes Umherirren. Die Kardinaltugend der Einsicht kann nur über eine adäquate Bildung erlangt werden, die nicht nur in einem begrenzten Fachwissen besteht, sondern vor allem eine Allgemeinbildung einschließt (Franz 2014, Franz 2015). Dies liegt bereits in der Komplexität der Aufgaben der Nachhaltigkeit begründet, die nur interdisziplinär und fachbereichsübergreifend gelöst werden können und eine allgemeine Einsicht in diese Aufgaben erfordert. Eine derartig verstandene Bildung ist eine notwendige Bedingung der Möglichkeit von

## 8 Ethik der Nachhaltigkeit im cusanischen Geist

Nachhaltigkeit und folglich nicht hintergehbar. Ebenso ist eine weitere Einsicht unabdingbar, nämlich die Einsicht in die endlichen und begrenzten Fähigkeiten des Menschen in poietischer und epistemischer Hinsicht. Last but not least ist die allgemeine Einsicht in die Notwendigkeit nachhaltiger Entwicklungen als moralische Pflicht eine weitere Grundbedingung für den Erfolg der Nachhaltigkeit.

Die vier Kardinaltugenden, die heute auf den ersten Blick antiquiert erscheinen, haben also durchaus ihre moralische Kraft nicht eingebüßt. Im Gegenteil: Für das globale Projekt namens Nachhaltigkeit erweisen sie sich geradewegs als moderne und nicht hintergehbare moralische Schlüsseltugenden. Sie gehören damit zum moralischen Fundament der Nachhaltigkeit im Allgemeinen und nachhaltiger technischer Entwicklungen im Besonderen.

Aus dem Bisherigen wird deutlich, dass Cusanus zu Recht als ein Wegbereiter der Nachhaltigkeit im Allgemeinen und einer Ethik der Nachhaltigkeit im Besonderen gelten kann. Daher soll nun abschließend aus den bisherigen Ergebnissen ein Ethikkodex der Nachhaltigkeit im cusanischen Geist entwickelt werden. Alle zehn Regeln des folgenden Ethikkodex der Nachhaltigkeit gründen ausschließlich auf dem Werk des Cusanus, wobei die Verknüpfung zu seinen Thesen, Überlegungen und Gedanken unterschiedlich eng ist. Um den Ethikkodex in einer geschlossenen Form darzustellen, werden seine zehn Regeln nicht innerhalb des Kodex kommentiert und erläutert, sondern im Anschluss. Der Kodex beginnt mit einer kurzen Präambel. Diese definiert zunächst das Leitziel der Nachhaltigkeit, dem dann die freiwillige Selbstverpflichtung folgt, den Regeln des Kodex zu folgen, um dieses Ziel zu erreichen.

### Ethikkodex der Nachhaltigkeit

Das leitende Ziel nachhaltiger Entwicklungen ist, allen lebenden und zukünftigen Generationen bedingungslos ein menschenwürdiges Leben und die Befriedigung ihrer Bedürfnisse in einer sozial und ökologisch intakten Umwelt zu ermöglichen. Um dieses humane, soziale und ökologische Ziel zu verwirklichen, setzen wir uns mit diesem Ethikkodex die folgenden moralischen Regeln und kommen im cusanischen Geiste überein:

## Kapitel IV  Cusanus: Ein Wegbereiter der Nachhaltigkeit

(1) Uns einsichtig in die moralische, soziale und ökologische Notwendigkeit nachhaltiger Entwicklungen zu erweisen.

(2) Uns sowohl im Konsum als auch in der Nutzung von Energie, Ressourcen, Rohstoffen und Materialien maßvoll zu verhalten.

(3) Uns über die grundsätzliche Endlichkeit und Unvollkommenheit unseres Erkenntnisvermögens und folglich über unsere natürliche Unwissenheit zu belehren (docta ignorantia), um darauf aufbauend vernünftig und verantwortungsvoll in nachhaltigen Entwicklungen voranzuschreiten.

(4) Uns darüber zu belehren, dass aufgrund unserer natürlichen Unvollkommenheit auch alle unsere Schöpfungsprodukte - seien sie geistiger oder stofflicher Art - gleichfalls unvollkommen sind und folglich das Potential zu unbeabsichtigten oder unerwünschten Folgen haben.

(5) Tapfer neue Wege einzuschlagen, furchtlos neue oder alternative Ideen zu äußern, mutig Kritik an kontranachhaltigen Entwicklungen zu üben und beherzt über Missstände aufzuklären.

(6) Unsere Welt als eine geordnete und verletzliche Einheit und Ganzheit zu verstehen, in der alle Teile sowohl untereinander als auch mit dem Weltganzen derart in einer engen Wechselbeziehung stehen, dass jede Veränderung in einem Teil - beispielsweise durch künstliche Eingriffe von uns Menschen - Auswirkungen auf die anderen Teile und folglich auf das Weltganze hat.

(7) Stets im Bewusstsein zu handeln, dass unsere Handlungen gleichfalls Teil des Weltganzen sind und somit stets einen Einfluss auf dieses Ganze ausüben.

(8) Uns bei allen unseren Entscheidungen und Handlungen der Maßlosigkeit enthalten und stattdessen besonnen, abwägend und maßhaltend vorzugehen.

(9) Bei allen unseren schöpferischen Tätigkeiten - seien sie technischer, ökonomischer oder anderer Art - dem Grundsatz der Gleichheit und der Goldenen Regel zu folgen und daher stets auf eine gerechte und gleiche Behandlung aller dabei Mitwirkenden ebenso zu achten wie auf eine gerechte und gleiche Verteilung der Ressourcen, der Nutzen und der Lasten.

(10) Niemals entgegen dem Prinzip der Gleichheit etwas herzustellen, das Anderen einen Schaden zuführt, den wir selbst nicht zu tragen bereit sind.

8 Ethik der Nachhaltigkeit im cusanischen Geist

Die Regel (1) des Kodex gründet auf der Kardinaltugend der Einsicht und der Weisheit. Die Einsicht, dass nachhaltige Entwicklungen für das Überleben des Menschen notwendig sind, repräsentiert eine nicht hintergehbare Bedingung der Möglichkeit von Nachhaltigkeit überhaupt. Es ist daher vernünftig und weise, nachhaltig zu handeln. Ohne die weise Einsicht in die Notwendigkeit der Nachhaltigkeit sind nachhaltige Entwicklungen halbherzig und damit der Gefahr ausgesetzt, der Leitidee der Nachhaltigkeit entgegen zu wirken. Regel (2) gründet auf der Kardinaltugend des Maßhaltens. Denn Maßhalten bezüglich Konsum, Energie, Ressourcen und Materialien ist gleichfalls eine notwendige Bedingung der Nachhaltigkeit. Ohne Maßhalten ist Nachhaltigkeit nicht möglich. Regel (3) rekurriert auf zwei miteinander verknüpften cusanischen Thesen. Die erste behauptet die natürliche und damit grundsätzliche Endlichkeit und Unvollkommenheit des menschlichen Erkenntnisvermögens, da die beiden Attribute der Unendlichkeit und der Vollkommenheit allein Gott zukommen. Im Vergleich zum allwissenden Gott ist der Mensch in seinem Wissen begrenzt und unvollkommen. Aufgrund dessen sind auch alle menschlichen Künste und die aus ihnen hervorgehenden immateriellen und materiellen menschlichen Schöpfungsprodukte endlich und unvollkommen. Dies bedeutet: Wissenschaftliche Erkenntnisse sind stets nur Mutmaßungen (coniecturis), die sich als falsch erweisen können (NvK *de coniecturis*). Und stoffliche, technische Schöpfungsprodukte haben per se das Potential zu Mängeln und damit zu unerwünschten Folgen für den Menschen, die Gesellschaft und die Natur. Die zweite These ist die der belehrten Unwissenheit. Sie besagt, dass der Mensch die Möglichkeit besitzt, sich seiner ureigenen, natürlichen Unwissenheit zu belehren, um darauf aufbauend Stufe für Stufe auf der Erkenntnisleiter und damit in seiner eigenen Vervollkommnung nach oben zu steigen. Die belehrte Unwissenheit ist folglich kein Ende von Wissenschaft und Fortschritt, sondern repräsentiert ihren sicheren und zweifelsfreien Anfang. Sie ist der Ausgangspunkt eines vernünftigen, verantwortungsvollen und humanen Fortschritts, der seine epistemischen und poietischen Grenzen kennt. Es ist ein Fortschritt, der dem Nachhaltigkeitsziel einer humanen, sozialen und ökologischen Welt als Ganzes in jeder Hinsicht gerecht wird (Kapitel VI). Regel (4) ist eine Folgerung der Regel (3), nämlich die der grundsätzlichen Unvollkommenheit immaterieller und materieller menschlicher Schöpfungsprodukte aufgrund der Unvollkommenheit und Endlichkeit des menschlichen Geistes. Alle menschlichen Artefakte haben daher das Potential zu unerwünschten oder unbeabsichtigten Folgen aufgrund Fehler und Mängel. Regel (5) gründet wieder auf einer Kardinaltugend und zwar auf derjenigen der Tapferkeit. Fasst man den Begriff der Tapferkeit weiter, so schließt er nicht nur die körperliche Tapferkeit ein, sondern auch die geistige. In diesem erweiterten Sinne ist es tapfer und mutig, offen Kritik zu äußern oder Selbstkritik zu üben, über Missstände aufzuklären, alternative und außergewöhnliche Ideen vorzuschlagen sowie neue und unkonventionelle Wege zu gehen. Für den Erfolg der Nachhaltigkeit ist diese Art von Tapferkeit unerlässlich. Regel (6) folgt der cusanischen These, dass alles, was ist, im Weltganzen eingefaltet ist. Alles, was ist, entspringt folglich aus einer Entfaltung dieser Ganzheit und erhält somit seine Funktion und Rolle aus seinem Verhältnis zum Ganzen. Alles, was ist, steht im Bezug zum Ganzen. Für nachhaltige Entwicklungen ist daher der Blick auf das Ganze und Eine der Welt und die Erkenntnis, dass alles, was ist, nur in Bezug auf dieses Ganze und Eine vollständig verstanden werden kann, von ausschlaggebender Bedeutung. Denn im Fokus aller nachhaltigen Entwicklungen steht immer das Wohl der Welt als Ganzes. Der Blick auf das einheitliche Weltganze ist damit eine Grundbedingung der Möglichkeit von Nachhaltigkeit. Regel (7) ist eine Folgerung der Regel (6) und betont das menschliche Handeln als Teil des Weltganzen und damit seine Bedeutung für das Weltganze. Regel (8) gründet nochmals auf der Kardinaltugend des Maßhaltens. Sie ist eine notwendige Bedingung aller nachhaltigen Entwicklungen, wobei dem Maßhalten in puncto Ressourcen, Energie und Konsum ein besonderes Gewicht zukommt. Darüber hinaus und wieder ganz im cusanischen Sinne zielt diese Regel auf *abwägende* Handlungen. Diese meiden Extreme, indem sie zwischen diesen abwägen und den Weg der Mitte wählen. Sie halten metaphorisch die Waage zwischen den Extremen im Gleichgewicht. Abwägende Handlungen sind somit stets maßhaltende Handlungen und damit nachhaltige Handlungen. Regel (9) beruft sich auf das sicherlich bedeutendste cusanische Prinzip der Ethik, nämlich auf das der Gleichheit. Der Begriff der Gleichheit ist aber nicht nur der zentrale Begriff der cusanischen Ethik, sondern ein Schlüsselbegriff seiner gesamten Philosophie und Theologie. Ihm hat Cusanus einen eigenen Band - *De aequalitate* - gewidmet. Der Begriff der Gleichheit ist auch ein zentraler Begriff der Nachhaltigkeit. In nachhaltigen Entwicklungen artikuliert er sich vor allem in dem Begriff der Chancengleichheit und dem der sozialen Gleichheit. Aus ethischer Sicht ist der Begriff der Gleichheit vor allem deswegen von Bedeutung, weil er nach Cusanus die Gerechtigkeit fundiert. Ohne Gleichheit gibt es folglich keine Gerechtigkeit. Ebenso wie die Gleichheit, so ist auch die Gerechtigkeit ein Schlüsselbegriff der Nachhaltigkeit, da zu ihren vorrangigen Zielen u.a. die Herstellung von Verteilungsgerechtigkeit und Generationengerechtigkeit gehören. Im Sinne der cusanischen Ethik wird Gerechtigkeit durch die Herstellung von Gleichheit und durch die Befolgung der Goldenen Regel erreicht: was du nicht willst, dass man dir tu, das füge auch keinem anderen zu. In der cusanischen Ethik ist daher diese ethische Regel ebenso zentral, wie die beiden Begriffe der Gleichheit und der Gerechtigkeit. Die Zurückführung der Regel (9) auf diese drei ethischen Begriffe ist damit sicherlich ganz im cusanischen Sinne. Regel (10) ist eine direkte Implikation aus der Goldenen Regel. Sie ist hier in der negativen Form aufgeführt.

Gegen den oben aufgeführten cusanischen Ethikkodex der Nachhaltigkeit können berechtigte Einwände erhoben werden. Da diese denen ähnlich sind, die gegen den im vorigen Kapitel konzipierten Ethikkodex für Ingenieure und Techniker im cusanischen Geist erhoben werden können, wird ihre Erörterung hier nicht wiederholt.

## 9 Fazit

In diesem Kapitel wurde der Versuch unternommen, einen Schritt zurückzutreten, um das Thema der Nachhaltigkeit von einem anderen Standpunkt und aus einer größeren Distanz heraus zu betrachten. Mit einem Zurücktreten wird der Blickwinkel erweitert und damit die Chance eröffnet, Lösungen zu erkennen, die im zuvor begrenzten Blickwinkel nicht sichtbar waren. Dieses Zurücktreten kann ein räumliches sein, aber auch ein gedankliches oder historisches. Alle drei erweitern den Blickwinkel und ermöglichen eine andere Sichtweise auf die zu lösenden Fragen und Probleme. In diesem Kapitel wurde erneut als Standpunkt das Werk des Cusanus gewählt, das sich auch in anderer Hinsicht bereits als durchaus modern und aktuell erwiesen hat (vgl. Müller & Vollet 2013). Es wurde folglich ein historisches Zurücktreten gewählt,

Kapitel IV  Cusanus: Ein Wegbereiter der Nachhaltigkeit

um den Blick zu erweitern und die Probleme und Fragen der gegenwärtigen Nachhaltigkeitsdebatte unter einem anderen Licht zu betrachten und zu beurteilen.

Der historische Standortwechsel in das Werk des Cusanus offenbarte gleich mehrere Aspekte, die ein besonderes Licht auf die Nachhaltigkeit werfen. Von besonderer Relevanz für nachhaltige Entwicklungen erwies sich der im cusanischen Werk stets allgegenwärtige Blick vom Mannigfaltigen auf das Ganze und vom Ganzen auf das Mannigfaltige. Denn im Fokus der Idee der Nachhaltigkeit als globales Projekt steht das Wohl der Welt als Ganzes. Jeder Eingriff in diese Welt, sei er lokal oder global, hat Auswirkungen auf dieses Weltganze. Die Welt als geordnetes Ganzes und damit als Einheit zu begreifen ist somit eine Grundbedingung aller Entwicklungen, die den Anspruch erheben, nachhaltig zu sein. Hierzu gehört das cusanische Verständnis von complicatio und explicatio, das einerseits die Mannigfaltigkeit der Dinge als eingefaltet (complicatio) in einem einheitlichen Ganzen ausweist, welches wiederum diesen Dingen ihre Bedeutung und Rolle verleiht. Andererseits wird der Blick auf jedes Einzelne des Mannigfaltigen frei, wenn es aus dem Ganzen entfaltet wird (explicatio). Dabei spielt es keine Rolle, ob dieses Ganze das Weltganze ist, das Ganze eines komplexen, technischen Gerätes oder eines einfachen Löffels. Selbst die Idee der Nachhaltigkeit repräsentiert ein Ganzes. In allen diesen Fällen kann die complicatio-explicatio-Betrachtung fruchtbar zur Anwendung kommen. Das Werk des Cusanus kann diesbezüglich als Mahnung und Erinnerung verstanden werden, bei allen menschlichen Schöpfungshandlungen den Blick auf das Ganze - als eine Selbstverständlichkeit - nicht aus den Augen zu verlieren sowie das Verhältnis vom Ganzen zu seinen Teilen und vice versa, offenzulegen und kritisch zu reflektieren. Denn ohne den wechselseitigen Blick vom Ganzen auf die Teile und umgekehrt, laufen wohlgemeinte Entwicklungen in Gefahr, der Leitidee der Nachhaltigkeit einer humanen Welt als Ganzes entgegenzuwirken.

Obgleich der Blick auf das Weltganze für nachhaltige Entwicklungen essenziell ist, so besteht doch das Dilemma, dass der Mensch dieses Ganze, aufgrund seines natürlich begrenzten Erkenntnisvermögens, niemals vollkommen zu erfassen vermag. Dieses Dilemma erwies sich aber als ein nur scheinbares. Denn es wurde im cusanischen Sinne begründet, dass aus diesem Dilemma eine Chance erwächst. Denn hat

## 9 Fazit

der Mensch sich erst über seine natürliche Unkenntnis belehrt (docta ignorantia) und damit eine sichere Erkenntnisbasis geschaffen, so kann er davon ausgehend eine Entwicklung initiieren, die in epistemischer und poietischer Hinsicht selbstkritisch, maßvoll und des möglichen Irrtums bewusst voranschreitet, was ganz im Sinne der Idee der Nachhaltigkeit ist. Ein solcher *bescheidener* oder *nachhaltiger* Fortschritt - beispielsweise in den Wissenschaften, der Technik und der Ökonomie - scheidet sich folglich vom zügellosen Fortschritt, der sich keine Grenzen setzt, auch nicht in moralischer Hinsicht, und welcher der Devise folgt, was der Mensch kann, das soll er auch umsetzen (Kapitel VI).

Nachhaltigkeit ist im Sinne des Cusanus eine menschliche Kunst (ars humana). Nachhaltige Entwicklungen sind folglich stets eine Form menschlicher Handlungen. Nachhaltigkeit ist kreatives, schöpferisches Handeln in Freiheit. Nachhaltige Entwicklungen unterstehen daher ebenso moralischen Regeln und Normen wie Alltagshandlungen. Zudem ist Nachhaltigkeit selbst eine moralische Verpflichtung. Nachhaltigkeit ist demzufolge eine moralische Aufgabe und erfordert daher eine ethische Fundierung und Begleitung. Es wurde nachgewiesen, dass auch diesbezüglich adäquate Gedanken und Überlegungen im Werk des Cusanus zu finden sind. Vor allem seine Ausführungen zur Gerechtigkeit und Gleichheit erwiesen sich dabei als fruchtbar. Denn zu den dringlichen Aufgaben der Nachhaltigkeit gehört die Lösung derjenigen lokalen und globalen Probleme, in denen Gerechtigkeit und Gleichheit eine zentrale Rolle spielen, namentlich die Verteilungsgerechtigkeit, die Generationengerechtigkeit und die Chancengleichheit. Dem ethischen Prinzip der Goldenen Regel, das die Gleichheit im Bereich menschlicher Handlungen spiegelt, kommt dabei eine besondere Bedeutung zu. Denn es kann ohne Einschränkung auf die Erfordernisse nachhaltiger Entwicklungen übertragen werden, wobei im Einzelnen noch konkrete moralische Nachhaltigkeitsregeln aus diesem Prinzip zu deduzieren sind.

Die Ethik ist als Wissenschaft der Moral gleichfalls eine menschliche Kunst und damit ein genuines Schöpfungsprodukt des Menschen. Der Mensch ist folglich fähig sich Regeln und Gesetze zu geben. Zu seinen ethischen Schöpfungsprodukten zählt Cusanus auch die vier Kardinaltugenden. Es wurde begründet, dass diese keineswegs antiquiert sind, sondern sich in puncto Nachhaltigkeit als besonders modern erweisen.

Kapitel IV Cusanus: Ein Wegbereiter der Nachhaltigkeit

Hierzu gehören u.a. die Einsicht in die Notwendigkeit der Nachhaltigkeit, die Mäßigung bezüglich Energie, Ressourcen und Konsum, sowie der Mut und die Tapferkeit neue Wege zu beschreiten.

Es wurde in diesem Kapitel untersucht, ob Cusanus ein Wegbereiter der Nachhaltigkeit ist. Zusammenfassend kann diese Frage nunmehr wie folgt beantwortet werden. Als Kind seiner Zeit, in der die Fragen und Probleme der Nachhaltigkeit noch nicht in dem Maße eine Rolle spielten wie im 21. Jahrhundert, war auch Cusanus mit diesen Fragen noch nicht konfrontiert. Sicherlich gab es schon einen übermäßigen Holzabbau und in den Städten eine Verschmutzung der Umwelt durch das Verbrennen des Holzes bzw. der Kohle, jedoch waren die damit verbundenen Probleme noch marginal und wurden daher noch nicht thematisiert, auch nicht durch Cusanus. Dennoch beinhaltet sein überliefertes Gesamtwerk, wie nachgewiesen wurde, viele Gedanken, Überlegungen und Ergebnisse, die für die gegenwärtige Nachhaltigkeitsdebatte zweifelsfrei von Bedeutung sind. Es sind Gedanken, die durch Cusanus zumeist in einem anderen thematischen Umfeld als dem der Nachhaltigkeit entfaltet und begründet wurden. Durch adäquate Implikationen einerseits und Neuinterpretationen andererseits konnten sie aber für die Nachhaltigkeitsdebatte der Gegenwart fruchtbar gemacht werden. Vor allem die Begriffspaare seiner theoretischen Philosophie - das Eine und das Viele, das Urbild und das Abbild, die complicatio und die explicatio -, die Begriffe seiner praktischen Philosophie - Gleichheit, Gerechtigkeit, Goldene Regel und Tugend - und der Begriff der docta ignorantia erwiesen sich dabei als wertvolle Orientierungshilfe nachhaltiger Entwicklungen. In diesem Sinne kann das cusanische Werk als ein gewichtiger historischer Beitrag zur Nachhaltigkeit gedeutet werden. Nicht Cusanus als Person ist somit ein Wegbereiter der Nachhaltigkeit, sondern sein im Lichte der Gegenwart neu gelesenes Werk. Philosophisches, cusanisches Denken und nachhaltiges Denken ergänzen hier einander vorzüglich.

# KAPITEL V
# EINE CUSANISCHE ONTOLOGIE DER ARTEFAKTE

> Also hat der Mensch die Vernunft, die im Erschaffen
> Ähnlichkeit der göttlichen Vernunft ist. (Cusanus)

In diesem Kapitel wird der Versuch unternommen, den Begriff des Artefakts ontologisch zu entfalten, um das Wesen von Artefakten aufzudecken. Dabei zeigt sich, dass im Gesamtwerk des Nikolaus von Kues Gedanken, Ansätze und Anregungen gegeben sind, die sich für diesen Versuch als erstaunlich fruchtbar erweisen und zugleich von überraschender Aktualität sind.

## 1 Einleitung

Was *ist* ein Artefakt? Eine solche Was-ist-Frage ist eine typisch philosophische Frage, wie sie bereits Sokrates vor mehr als 2000 Jahren stellte als er beispielsweise fragte: Was *ist* Tapferkeit? Was-ist-Fragen gehören heute zum Tagesgeschäft der Philosophie. Auf unsere Frage, was ein Artefakt ist, gibt es mittlerweile zahlreiche Antworten, Theorien und sogar eine Philosophie der Artefakte (Schmücker 2013).

Artefakte sind Teil unseres Daseins. Wir essen mit Messern und Gabeln, trinken aus Gläsern und Tassen, fahren mit Fahrrad oder Auto, reisen mit Zug, Schiff oder Flugzeug, arbeiten mit Werkzeugen oder Computern, nutzen Softwareprodukte, kommunizieren mit Smartphones oder kontrollieren sekundengenau unseren Puls mit Fitnessarmbändern. Doch was haben alle diese Dinge oder Artefakte gemeinsam? Was zeichnet sie aus? Was sind sie, so fragt die Philosophie, als solche? Was sind sie im Allgemeinen und nicht als dieses odes jenes im Besonderen? Was ist ihre Washeit (quiddidas), wie Cusanus fragen würde? Sind Artefakte notwendig materiell bzw. stofflich? Oder können sie auch immateriell bzw. unstofflich sein? Alle diese Fragen sind Fragen nach dem Wesen oder der Wesenheit (lt. essentia; gr. ousia) von Artefakten. Es sind ontologische Fragen, deren Beantwortung eine Lehre oder Theorie von Artefakten erfordert und zwar eine von Artefakten als solche.

Hinzu kommt die Frage nach dem Verhältnis von Artefakt und Mensch. Denn beide sind untrennbar miteinander verknüpft. So sind Artefakte für den Menschen zumeist nützlich. Das ist nicht überraschend. Denn dazu wurden sie in aller Regel erdacht und hervorgebracht. Von Artefakten kann aber auch Schaden ausgehen. So sind Artefakte Ursache von Unfällen und Umweltverschmutzungen. Und mit Artefakten werden Verbrechen verübt und Kriege geführt. Was ist also nun ein Artefakt?

Man könnte versucht sein eine einfache Antwort zu geben und sagen: Dies ist ein Artefakt, das ist ein Artefakt und auch das. Bei dieser Antwort würde sich Sokrates im Grabe herumdrehen. Denn Sokrates suchte nicht nach zahllosen Beispielen, sondern nach dem Wesen an dem alle diese Beispiele teilhaben. Was macht ein Artefakt zum Artefakt? In den folgenden Abschnitten werden wir versuchen, eine Antwort zu finden, und zwar in vier Schritten (Franz 2017).

## 2 WAS IST EIN ARTEFAKT? – EINE ERSTE ANNÄHERUNG

Der Begriff des Artefakts verbindet den der *Art* mit dem des *Fakts*. *Art* gründet im lateinischen Wort *ars*, was so viel wie *Kunst* bedeutet. Im Englischen und Französischen wird die Kunst auch heute noch *art* genannt; im Spanischen und Italienischen *arte*. Der Begriff des *Fakts* folgt dem lateinischen Wort *factum* und steht im weitesten Sinne für eine Tatsache. Damit ist ein Artefakt im wortwörtlichen Sinne eine durch Kunst geschaffene Tatsache. Doch woraus entspringt diese Kunst? Wer ist ihr Urheber? Es ist der Mensch. Ein Artefakt ist somit eine durch menschliche Kunst geschaffene Tatsache – eine durch eine menschliche Tat hervorgebrachte künstliche Sache. Zu diesen Sachen gehören zunächst alle diejenigen materiellen Produkte, die uns als Gebrauchsgegenstände umgeben und damit, wie Heidegger sagen würde, zur Hand sind: angefangen bei den vielfältigen Gebrauchsgegenständen bis hin zum Kunstwerk, beispielsweise ein Gemälde oder Statue. Zu diesen Tat-Sachen gehören aber auch – und da sind wir nun ganz bei Cusanus – alle unsere Theorien, Thesen, Begriffe (Borsche 2017), Mutmaßungen, Gesetze und Regeln, denn auch sie entspringen als immaterielle Produkte der Kunst des Menschen Tatsachen zu schaffen. Auch sie haben ihren Ursprung im menschlichen Geist. Folglich gehören auch alle Wissenschaften dazu, denn auch sie sind Menschenwerk: die Mathematik, die Technik-, Natur- und Humanwissenschaften, die Medizin und die Ethik als die Wissenschaft der Moral.

Halten wir also als erstes Ergebnis ganz im Sinne des Cusanus fest: Artefakte entspringen der menschlichen Kunst, Neues zu schaffen und sie können materiell oder immateriell sein.

### 3 DER MENSCH ALS SCHÖPFER, ERFINDER UND KÜNSTLER

Indem der Mensch die Kunst beherrscht Artefakte zu schaffen, wird er zum Schöpfer. Er bringt Neues hervor. Und damit ist er in ähnlicher Weise ein Schöpfer wie Gott. Er ist, wie Cusanus sagt, »ein zweiter Gott. Denn wie Gott Schöpfer der realen Seienden und natürlichen Formen ist, so ist der Mensch Schöpfer der Verstandesseienden und der künstlichen Formen, die lediglich Ähnlichkeiten seiner [menschlichen; jhf] Vernunft sind, so wie die Geschöpfe Ähnlichkeiten der göttlichen Vernunft sind. Also hat der Mensch die Vernunft, die im Erschaffen Ähnlichkeit der göttlichen Vernunft ist« (NvK *de beryllo*, c. 6, n. 7). Die göttliche Kunst ist somit das Urbild, die menschliche Kunst ihr Abbild. Oder platonisch gesprochen: Die menschliche Kunst ist nicht identisch der göttlichen, sie hat aber an ihr Teil. Während Gott Schöpfer aller natürlichen Dinge ist, wozu alles Lebendige und somit der Mensch gehört, so ist der Mensch Schöpfer aller künstlichen Dinge. Zu diesen gehören neben den bereits genannten Alltagsprodukten und den Wissenschaften, auch jede Tradition, jede Überlieferung und jeder Kult. Und damit die gesamte Kultur. Die Natur entspringt der göttlichen Kunst, der ars divina; die Kultur der menschlichen Kunst, der ars humana. Die menschliche Schöpfungskunst ist allerdings ebenso wie das menschliche Wissen, so Cusanus, begrenzt und endlich (NvK *de mente*, c. 2, n. 60; vgl. Kapitel II); die göttliche Schöpfungskunst und das göttliche Wissen sind unbegrenzt und unendlich. Der Mensch macht folglich Fehler; Gott nicht. Daher haben alle Artefakte, neben ihren erwünschten Folgen, per se immer auch unerwünschte Folgen.

Kreativität, Einfallsreichtum und schöpferische Phantasie sind natürliche Anlagen des Menschen und gehören damit zu seinem Wesen. Der Mensch kann daher gar nicht anders, als Ideen zu entwickeln, diese zu bedenken und dann ggf. zu realisieren. Er ist damit, so Cusanus, notwendig Künstler, Schöpfer und Erfinder - Erfinder von technischen Produkten *und* Wissenschaften, von Materiellem *und* Geistigem (NvK *ludo globi*, liber I, n. 28 und liber II, n. 93). Und so wie der Winzer die Reben seiner

Kapitel V   Eine cusanische Ontologie der Artefakte

Weinstöcke jedes Jahr zurückschneidet, um auch im nächsten Jahr leckere Trauben zu ernten (sofern das Wetter mitspielt), so kann auch der Erfinder die Qualität seiner Artefakte gezielt beeinflussen. Und dazu gehört, dass er dabei dem Moralischen, Humanen, Sozialen und Ökologischen zumindest gleichermaßen Beachtung schenken sollte wie der Funktionalität und dem Ökonomischen. Der Mensch als Erfinder ist dazu in der Lage. Denn moralische Regeln und ökologische Maximen des schützenden Umgangs mit der Natur entspringen als geistige Artefakte ebenso der menschlichen Schöpfungskraft, wie technische Artefakte. Der Mensch ist Erfinder der Waffen *und* der Moral, der Technikwissenschaften *und* der Ethik.

Mit jeder Entscheidung, eine Idee zu verwirklichen, ist zugleich entschieden, ein neues Artefakt - sei es nun materiell oder immateriell - in die bereits bestehende natürliche und kulturliche Wirklichkeit einzubringen. Damit ist es de facto in der Welt - mit allen seinen erwünschten und unerwünschten, beabsichtigten und unbeabsichtigten Folgen. Mit jedem neuen Artefakt schafft der Mensch neue Tatsachen. Man könnte mit Wittgenstein geneigt sein zu sagen: »Die Welt ist die Gesamtheit der Tatsachen, nicht der Dinge« (Wittgenstein 1922, 1.1).

Und ganz im Sinne von Cusanus können wir somit als zweites Ergebnis festhalten: Der Mensch offenbart sich in seinen Artefakten als Schöpfer, Erfinder und Künstler. In jedem Artefakte kommen daher seine schöpferische Kreativität und Erfindungsgabe sowie sein Ideen- und Einfallsreichtum als Wesensmerkmal zum Ausdruck.

### 4  DAS ERFINDEN UND HERVORBRINGEN VON ARTEFAKTEN ALS PROZESS

Wie entsteht ein Artefakte? Ausgangspunkt ist stets eine Idee im menschlichen Geist. Der Idee folgt ein Überlegen, wie sie realisiert werden kann, und schließlich die Entscheidung für oder gegen ihre Verwirklichung. Diese drei Schritte - das Ideengebende Nachdenken, das Überlegen und das Entscheiden - die allesamt geistiger Natur sind, fasst Cusanus treffend unter dem Begriff der Erfindung von Neuem zusammen (inventione novi; NvK *ludo globi*, liber I, n. 30). Jedes Artefakt offenbart diesen dreiteiligen geistigen Prozess der ars humana (Kapitel II). Dies gilt auch für die Erfindung eines Spiels: »Denn als ich dieses Spiel erfand, dachte ich nach, überlegte und beschloß ich, was ein anderer nicht ausdachte, überlegte und beschloß, weil jeder

4 Das Erfinden und Hervorbringen von Artefakten als Prozess

Mensch frei ist, nachzudenken über was immer er wollen mag, entsprechend zu überlegen und zu beschließen. Deshalb denken nicht alle sich dasselbe aus, da jedermann seinen eigenen freien Geist hat« (a.a.O. n. 34). Im Erfinden kommen folglich die Spontaneität, die Kreativität, der Ideenreichtum und die Schöpfungskraft des Menschen und damit seine Freiheit zur Entfaltung. »Ansonsten würde er nichts erfinden, sondern nur den Anstoß der Natur ausführen« (a.a.O. n. 35). Die Freiheit ist damit eine conditio humana jeglicher Erfindung.

Die geistige Phase der Entscheidung spiegelt die Intention - die Absicht - des menschlichen Schöpfers wider, seinen Gedankenentwurf entweder zu realisieren oder zu verwerfen. Beabsichtigt er die Realisierung, dann wird er das Artefakt mittels entsprechenden Handlungen und Werkzeugen physisch herstellen. Auf diese Weise wird ein erdachtes Spiel mit einer Handlung in die Tat umgesetzt und damit zu einer physischen Tat-Sache. Jedes Artefakt ist folglich ein physisches Abbild einer vorgängigen geistigen Idee und damit eines geistigen Urbildes im menschlichen Geist. Und dies gilt auch für ein so unauffälliges Artefakt wie der von Cusanus beispielhaft genannte Löffel. »Der Löffel hat außer der von unserem Geist geschaffenen Idee kein anderes Urbild« (NvK *de mente*, c. 2, n. 62). Im sinnlichen Stoff entfalten demnach Erfinder, so Cusanus, ihren Gedankenentwurf (NvK *ludo globi*, liber II, n. 94). Und dieser Weg vom Gedankenentwurf zum sinnlichen Stoff, von der geistigen Idee zum materiellen oder immateriellen Produkt ist ein Prozess.

Das Hervorbringen eines Artefakts ist damit insgesamt ein Prozess, der mit dem geistigen Prozess des Erfindens beginnt und mit dem physischen Prozess der Verwirklichung endet. Dieser Gedanke ist nicht neu. So wird beispielsweise in einigen Handlungstheorien die Handlung selbst als ein Vorgang oder Prozess aufgefasst, der mit einer Absichtsbildung beginnt und mit einer Körperbewegung endet. Die einzelnen Phasen dieses Prozesses sind dabei aufs Engste miteinander verknüpft, sodass sich die Handlung selbst als eine Einheit darstellt (Franz 2012, S. 176f).

Damit können wir als unser drittes Ergebnis festhalten, dass das Erfinden und Hervorbringen von Artefakten ein kreativer Prozess ist, der das Wesen von Artefakten entscheidend mitprägt.

## 5 Die soziale Dimension des Artefakts

Die Idee im menschlichen Geist ist das Urbild und das hergestellte Artefakt das Abbild. Beide unterscheiden sich zum einen in der Kategorie, denn das Abbild ist physisch, das Urbild geistig. Zum anderen wird das Abbild gegenüber seinem Urbild poietisch bedingte (also herstellungsbedingte) Abweichungen haben. Denn aufgrund der Endlichkeit des menschlichen Geistes ist es dem Menschen grundsätzlich nicht möglich, seine Produkte, so Cusanus, in vollkommener Genauigkeit und Übereinstimmung mit seinen Urbildern zu realisieren. Unerwünschte und nicht beabsichtigte Folgen sind daher unvermeidbar. Sie begründen die inhärente Ambivalenz von Technik. Diese scheint Cusanus, als Kind seiner Zeit, noch nicht erkannt zu haben. Er hat sie zumindest noch nicht thematisiert. Dass aber Artefakte eine Funktion haben und damit eine Bedeutung für Mensch und Gesellschaft, dies war ihm durchaus bewusst, wie das folgende Zitat belegt: »Jemandem, der dies alles betrachtet, wird offenbar, was in den mechanischen und freien Künsten und in der Ethik vom Menschen entdeckt wurde. Denn allein der Mensch hat entdeckt, wie eine brennende Kerze das Fehlen des Lichtes ausgleicht, so daß er sieht, und wie man bei schlechtem Sehen durch eine Brille abhilft, wie man optische Täuschungen durch die Kunst der Perspektive korrigiert, wie man rohe Speise dem Geschmack durch das Kochen anpaßt, üble Gerüche durch duftendes Räucherwerk vertreibt, die Kälte durch Kleider, Feuer und ein Haus, die Langsamkeit durch Fahrzeuge und Schiffe, die Verteidigung durch Waffen« (NvK *compendium*, c. VI, n. 18). Jedes Artefakt hat folglich aufgrund seiner Funktion soziale Implikationen - seien sie nun marginal oder beträchtlich, erwünscht oder unerwünscht. Mit jeder Entscheidung, eine Idee zu verwirklichen, ist zugleich entschieden, ein neues Artefakt in die bereits bestehende natürliche und kultürliche Wirklichkeit einzubringen. Damit ist es de facto in der Welt - mit allen seinen erwünschten und unerwünschten, beabsichtigten und unbeabsichtigten Folgen. Mit jedem neuen Artefakt schafft der Mensch neue Tatsachen. Artefakte verändern - wie wir heute wissen - die Welt. Eine Welt ohne Internet ist eine andere als mit Internet. Und eine Welt mit einem Atomwaffenarsenal, das insgesamt eine Sprengkraft hat, die Welt auszulöschen, ist eine andere, als die mit Pfeil, Bogen und Steinschleudern.

Unser viertes Ergebnis lautet somit: Artefakte haben über ihre Funktion notwendig eine humane und soziale Dimension, die gleichfalls das Wesen von Artefakten prägen.

## 6 WAS IST EIN ARTEFAKT? – VERSUCH EINER ANTWORT

Fassen wir nun alle vier Ergebnisse zusammen, so können wir unsere Ausgangsfrage, was ein Artefakt ist, nun im cusanischen Geist wie folgt beantworten:

Ein Artefakt ist ein materielles oder immaterielles Schöpfungsprodukt der ars humana, also der menschlichen Kunst. Dieses Produkt offenbart die schöpferische Kreativität, die Erfindungsgabe, den Einfalls- und Ideenreichtum sowie die Fähigkeit des Menschen zur Poiesis, also zur Herstellung von Dingen. Und damit offenbart es seine Freiheit, Neues zu schaffen. Es resultiert somit aus einem Prozess, der mit Ideen, Überlegungen, Entscheidungen und Absichten im menschlichen Geist beginnt und mit physischen Handlungen des Hervorbringens endet. Alle Artefakte sind mit humanen, moralischen, sozialen, ökologischen und weiteren Folgen behaftet - erwünschte und unerwünschte, intendierte und nicht intendierte. Als ein Ergebnis der ars humana schließen Artefakte somit alle Facetten der menschlichen Kunst ein - und damit auch alle Möglichkeiten des Irrtums und des Fehlers.

Ein Artefakt ist damit in der Tat nichts Gegenständliches oder Dinghaftes. Die obige Begriffsbestimmung ist weiter gefasst. Sie schließt stoffliche Produkte wie Stecknadeln, Eierkocher, Flugzeuge und Kraftwerke ebenso ein wie immaterielle Produkte. Zu letzteren gehören, wie bereits aufgeführt, alle Wissenschaften im Allgemeinen und ihre Theorien, Thesen, Mutmaßungen und Begriffe im Besonderen. Auch Softwareprodukte sind damit in dieser Begriffsbestimmung enthalten und zwar unabhängig davon, ob man diese nun als materiell oder immateriell auffasst. Sie sind keine natürlichen Produkte, sondern künstliche Schöpfungsprodukte des Menschen. Sie entspringen dem menschlichen Geist und damit seiner Kunst, Neues zu schaffen. Schwieriger ist die Einordnung von Biofakten, z.B. eines künstlichen Herzens (Kroes 2014; Boytchev 2015). Ist dieses Herz ein aus geeigneten Stoffen durch den Menschen geschaffenes Herz, so ist es zweifelsfrei ein Artefakt. Denn es entspringt der menschlichen Kunst und Kreativität, künstliche Herzen im Geist zu erdenken und mit entsprechenden Werkzeugen zu erstellen. Wie steht es aber nun mit einer exakten

Kapitel V Eine cusanische Ontologie der Artefakte

Herzkopie, die mit einem natürlichen Herzen identisch ist? In diesem Fall einer 1:1-Kopie (vorausgesetzt, dies ist technisch möglich) ist die Kopie ein natürliches Produkt und kein künstliches. Die exakte Herzkopie ist somit kein Artefakt. Sie ist ebenso natürlich wie das kopierte Herz. Künstlich ist hier allein der Kopiervorgang und damit das durch Menschen erdachte Verfahren und die daraus resultierenden künstlichen Einrichtungen, die es ermöglichen, natürliche Herzen zu kopieren. Denn die Idee, natürliche Herzen zu kopieren, und die Idee zu einer entsprechenden Kopiermaschine, entspringen der menschlichen Kunst, Neues zu schaffen. Während die Verfahrensregeln des Herzkopierens immaterielle Artefakte sind, ist die Kopiermaschine ein materielles Artefakt. Oder anders gesagt: das 1:1-kopierte Herz offenbart keine neuen Ideen des Menschen, die Kopiermaschine schon.

Es wird deutlich, dass der Bestimmung des Artefakts im cusanischen Geist der Bezug zur menschlichen Kunst und damit zu allen Facetten dieser Kunst essentiell ist. Artefakte sind künstliche Schöpfungsprodukte des Menschen. Sie scheiden sich damit essentiell von den natürlichen Schöpfungswerken der göttlichen Kunst (sakral gesprochen) bzw. von allem, das natürlich entstanden ist (säkular gesprochen). Artefakte und natürliche Schöpfung stehen damit im gleichen Verhältnis wie Kunst und Kultur zur Natur oder wie künstlich und kultürlich zu natürlich. Dies verweist auf die Differenzierung, die Aristoteles in seiner *Physica* trifft (Buch II, c. 1, 192b). Sie lautet sinngemäß: Im natürlichen Wesen ist der Ursprung der Bewegung und der Handlung angeboren, während dies bei Artefakten nicht der Fall ist.[1] Ebenso kann die Frage nach der Zugehörigkeit von Verfahren, Methoden und Prozessen eindeutig beantwortet werden. Auch sie sind als Kunstprodukte des Menschen Artefakte - seien sie nun stofflich realisiert oder immateriell als Verfahrensvorschrift dargelegt.

Neben den sozialen Implikationen führt die obige Entfaltung des Wesens von Artefakten auch die humanen und ökologischen Implikationen auf. Denn es gehört zum Wesen von Artefakten, dass sie nicht nur einen Einfluss auf die Gesellschaft haben, sondern gleichfalls einen erheblichen Einfluss auf den einzelnen Menschen

---

[1] Auf diese in puncto des Wesens von Artefakten wichtige Differenzierung weist (Kroes 2014) hin. Siehe hierzu auch (Franz 2014, S. 183f), wo in Anbetracht von Biofakten die Frage diskutiert wird, ob die aristotelische Differenzierung auch heute noch Gültigkeit beanspruchen kann.

und die Natur. Über die humanen und sozialen Implikation sind dabei nicht nur die erwünschten und unerwünschten Folgen eingeschlossen, sondern auch die technischen Funktionen, die gleichfalls Wesensmerkmal von Artefakten sind. Denn die erwünschte, finale Folge eines Artefakts repräsentiert zugleich diejenige Folge und Funktion, die ihr menschlicher Schöpfer bereits mit der Idee in das noch zu realisierende Artefakt gedanklich hineingelegt hat.

Die obige Wesensbestimmung von Artefakten im cusanischen Geist ist ggf. mit einem Problem konfrontiert: Sie ist vielleicht zu weit gefasst. Denn sie schließt auch diejenigen Produkte ein, die heute als Kunstwerke bezeichnet werden, also Gemälde, Statuen, Musikwerke und poetische Werke. Die cusanische Wesensbestimmung unterscheidet nämlich nicht zwischen überwiegend durch Technik geprägten Kunstwerken (z.B. Videoinstallationen, Lasershows und Technomusik), weniger techniklastigen Kunstwerken (z.b. Statuen, Gemälde und Photographien) und kaum oder gar nicht technikbehafteten Kunstwerken (z.B. Gedichte). Hier könnte man versucht sein, solche Kunstwerke aus dem Begriff der Artefakte auszuschließen, was jedoch eine Wesensbestimmung des Kunstwerks voraussetzen würde. Möglich ist dies beispielsweise über das Attribut der technischen Funktion. Denn obwohl Kunstwerke eine Funktion haben, eine technische Funktion haben sie im Allgemeinen nicht. Dies führt nun aber zur Frage, was eine technische Funktion ist und damit zur schwierigen Frage nach dem Wesen der Technik. Doch warum sollen wir Kunstwerke aus dem Begriff des Artefakts ausschließen? Entspringen sie nicht gleichermaßen wie Messer, Gabel und wissenschaftliche Theorien der schöpferischen menschlichen Kunst, Neues zu schaffen? Ja, so ist es: Internetfähige Kühlschränke und das fünfte Klavierkonzert von Ludwig van Beethoven sind gleichermaßen menschliche Kunstwerke.

Eine sehr elaborierte und moderne Antwort auf die Frage nach dem Wesen von Artefakten gibt der Dual-Nature-Ansatz, der eine zweifache Natur von Artefakten behauptet, nämlich eine stofflich-physikalische und eine soziale. Dieser Ansatz wurde an der technischen Universität Delft vor etwa zehn Jahren entwickelt (siehe u.a. Kroes & Meijers 2006) und damit gut 600 Jahre nach Cusanus. Dieser Ansatz wird allerdings von Hans Poser kritisiert - und zwar zurecht. Er begründet, dass diesem Ansatz etwas fehlt, zum Beispiel die Kreativität des Herstellers, und kommt damit zum Urteil: »We need a broader aproach« (Poser 2014) - wir benötigen einen breiteren Ansatz. Eine Ontologie der Artefakte muss nach Poser Folgendes berücksichtigen: (i) Artefakte können materiell und immateriell sein, (ii) sie offenbaren den Ideenreichtum, die Kreativität, die Erfindungsgabe und die Intention ihrer menschlichen Schöpfer, (iii) ihre Herstellung ist ein Prozess und (iv) sie haben eine Bedeutung für die Gesellschaft, also eine soziale Dimension (ebd. und Poser 2016). Vier Aspekte sind somit zu berücksichtigen, um eine adäquate Wesensbestimmung von Artefakten zu geben. Und welche Überraschung: Alle vier Aspekte finden sich in der Wesensbestimmung, die wir soeben aus dem Werk des Cusanus abgeleitet haben. Die berechtigten Forderungen Posers an eine Ontologie der Artefakte sind in ihr bereits erfüllt.

## 7 Fazit

Cusanus hat weder ein Werk zur Technikphilosophie verfasst, geschweige ein Werk über die Ontologie der Artefakte. Dennoch lassen sich aus seinem Gesamtwerk sowohl eine Technikphilosophie und eine Technikethik ableiten (siehe Kapitel II und III in diesem Buch) als auch, wie nun feststeht, eine Ontologie der Artefakte. Dies erforderte allerdings die Bereitschaft, Cusanus aus dem Blickwinkel der Gegenwart zu lesen, zuweilen zwischen den Zeilen zu lesen und daraus folgerichtige Schlüsse zu ziehen, die Cusanus als Kind seiner Zeit noch nicht zog oder aufgrund anderer Erkenntnisinteressen nicht ziehen wollte. Wie auch immer: Das Werk des Cusanus enthält fruchtbare und überraschend aktuelle Hinweise zur Beantwortung der Frage nach dem Wesen von Artefakten, obgleich es bereits vor etwa 600 Jahren geschrieben wurde. Ganz im Sinne dieses Werkes (i) entspringen Artefakte einem menschlichen Prozess geistiger Akte und physischer Handlungen, (ii) offenbaren damit die Kreativität, den Ideenreichtum und die Erfindungsgabe ihrer menschlichen Schöpfer und somit die menschliche Kunst (ars humana) Neues auszudenken und hervorzubringen, (iii) sind entweder materiell oder immateriell und (iv) haben humane, moralische soziale, ökologische und ökonomische Implikationen. Cusanus ist also in puncto Technik in der Tat in der Gegenwart angekommen. Oder anders formuliert: die Technikphilosophie der Gegenwart ist bei Cusanus angekommen.

# KAPITEL VI
# DOCTA IGNORANTIA: HUMANISIERUNG DER TECHNIK

> [I]n der Mitte der Gleichheit wirst du auf
> dem sichersten Weg sein. (Cusanus).

In diesem abschließenden Kapitel wird ein Terminus aufgegriffen, dem Cusanus ein eigenes Werk widmete und der bereits in den vorangegangenen Kapiteln berücksichtigt wurde. Es ist der Begriff der belehrten Unwissenheit, der docta ignorantia. Im Folgenden werden die einzelnen Ausführungen, die sich in den bisherigen Kapiteln stets auf das jeweilige Kapitelziel bezogen, zusammengefasst, um daraus die aktuelle Bedeutung der belehrten Unwissenheit für den Bereich der Technik und der nachhaltigen Entwicklung nochmals in geschlossener Form aufzuzeigen und zu begründen.

Die dreibändige *De docta ignorantia* ist sicherlich das bekannteste philosophisch-theologische Werk des Cusanus. Cusanus begreift die belehrte Unwissenheit als eine Wissenschaft bzw. als einen sicheren Ausgangspunkt für einen Erkenntnisfortschritt, der mit der Erkenntnis mittels der Sinne beginnt, um sich sodann schrittweise über die Verstandes- und Vernunfterkenntnis der Erkenntnis des Weltganzen zu nähern, wohlwissend, das die vollkommene Erkenntnis des Weltganzen für den Menschen unerreichbar und Gott vorbehalten bleibt. Für den Theologen Cusanus reicht allerdings diese mit der Belehrung der Unwissenheit beginnende Leiter der Erkenntnis noch weiter. Denn sie endet nicht mit der Erkenntnis des Weltganzen, die noch in den Begriffen unserer Sprache formuliert ist, sondern transzendiert diese zur überbegrifflichen Schau Gottes - zur visione Dei. Erst auf dieser letzten Sprosse der Leiter endet alles menschliche Streben nach Erkenntnis und die Seele findet in der Vereinigung mit Gott bzw. im Urbild allem Seienden ihre ersehnte Ruhe.

Mit seiner belehrten Unwissenheit präzisiert Cusanus die bereits von Sokrates formulierte Selbsterkenntnis: Ich weiß, dass ich nichts weiß. Die Bedeutung dieser Erkenntnis liegt darin, dass Sokrates mit ihr zum Ausdruck bringt, bereits mehr zu wissen, als alle seine Zeitgenossen. So weiß er vor allem mehr als alle diejenigen Experten und Sachkundigen, mit denen er auf den Plätzen Athens diskutierte und so in seine Erkenntnissuche einbezog. Denn jene meinten nur etwas zu wissen und erkannten dabei nicht, dass sie de facto nur Meinungen und Vermutungen äußerten, aber kein Wissen. Sokrates war also in der Tat weiser als seine nur scheinbar kompetenten Gesprächspartner. Denn er wusste zumindest, dass er nichts weiß. Und so konnte er seine Gesprächspartner im Laufe des Dialogs sukzessive darüber aufklären und belehren, dass sie auch nichts wissen. Er belehrte sie über ihre Unwissenheit. Der Ausgangspunkt der belehrten Unwissenheit ist damit geradezu ideal. Denn das Wissen um die eigene Unwissenheit ist ein sicheres Wissen. Mit der belehrten Unwissenheit beginnt folglich allererst das Wissen. Sie ist damit eine Grundbedingung jeder Wissenschaft. Denn sie fordert auf, jegliches behauptete Wissen und jede Vermutung kritisch und anhaltend zu prüfen, Dogmatismus und Absolutheitsansprüche aus den Wissenschaften zu entfernen und ihre immanente Irrtumsfähigkeit anzuerkennen. Die docta ingnorantia ist somit in der Tat nicht das Ende der Wissenschaft, sondern ihr Anfang. Sie ist zwar das Ende einer scholastisch verstandenen Wissenschaft, welche die Wahrheit allein in den heiligen Schriften suchte. Aber sie repräsentiert den Beginn der modernen (empirischen) Wissenschaften im Übergang des Mittelalters zur Renaissance. Je nachdem welches Buch man über die Geschichte der Philosophie aufschlägt, wird Cusanus entweder als der zeitlich letzte Vertreter der mittelalterlichen oder als der zeitlich erste der neuzeitlichen Philosophie aufgeführt. Cusanus ist als Philosoph des Übergangs ein Wegbereiter der modernen, mathematisch fundierten, empirischen Wissenschaften. Und er verfügt selbst über fundierte Kenntnisse in der Mathematik und den Naturwissenschaften. Was ihn aber aus gegenwärtiger Sicht besonders auszeichnet, ist, dass er die Grenzen des Wissens und damit der Wissenschaften aufzeigt. Alle unsere Erkenntnis erschöpft sich, so begründet er in seinem Werk *De coniecturis* in Meinungen und Mutmaßungen; sicheres Wissen ist uns verwehrt. Doch was hat dies alles mit Technik, Fortschritt und Nachhaltigkeit zu tun? Darauf soll nun eine Antwort gegeben werden.

Aufgrund seines endlichen Erkenntnisvermögens vermag der Mensch niemals mit Gewissheit zu erkennen, wie seine Schöpfungsprodukte sich ins Weltganze einfügen. Er wird daher auch niemals mit Bestimmtheit voraussagen können, welche Wechselbeziehungen seine Schöpfungsprodukte mit seinen anderen Kunstprodukten einerseits und mit dem Weltganzen andererseits eingehen werden. Genau hierin gründet die inhärente Gefahr unerwünschter Folgen, seien es Technikfolgen, Wirtschafts-

## Kapitel VI   Docta Ignorantia: Humanisierung der Technik

folgen oder andere (Kapitel II). Obgleich dies ein Mangel ist, erwächst aus ihm doch eine Chance. Denn aus technikphilosophischer Sicht kann aus der docta ignorantia die Forderung oder das Gebot abgeleitet werden, sich bei allen technischen Entwicklungen der grundsätzlichen Unwissenheit bezüglich des Weltganzen bewusst zu werden, diese anzuerkennen und die daraus resultierenden praktischen Konsequenzen zu ziehen (Kapitel III). In puncto technischer Entwicklungen begründet die belehrte Unwissenheit damit eine wertvolle praktische Orientierungshilfe. Denn sie mahnt zur Bescheidenheit und warnt vor Überheblichkeit. Sie ist somit gerade für nachhaltige Entwicklungen unerlässlich. Denn wer sich über die prinzipielle Unwissenheit in Bezug auf das Weltganze belehrt und sich damit seiner grundsätzlichen Fehlerhaftigkeit bewusst wird, ist auf dem Weg der Nachhaltigkeit bereits ein gutes Stück voran gekommen. Für die Welt als Ganzes wäre eine technische und ökonomische Bescheidenheit zweifelsfrei ein Gewinn (Kapitel IV). Dies alles spricht keineswegs gegen Fortschritt und Forschung, weder im Bereich der Technik noch in allen anderen Bereichen. Dies wäre auch ganz und gar nicht im cusanischen Sinne. Denn Cusanus war gegenüber fortschrittlichen Entwicklungen und Forschungsleistungen in allen Bereichen sehr aufgeschlossen und trug in einigen Bereichen auch selbst dazu bei. Die belehrte Unwissenheit spricht vielmehr für einen Fortschritt. Und zwar für einen, der seinen Namen verdient. Es ist ein Fortschritt der bescheiden ist. Ein bescheidener Fortschritt ist kein Rückschritt. Es ist ein Fortschritt, der seine humanen, moralischen, sozialen und ökologischen Grenzen kennt und respektiert und daher in jeder nur denkbaren Hinsicht nachhaltig ist.

Der Gegenpol des bescheidenen Fortschritts ist der zügellose, unvernünftige, verantwortungslose Fortschritt, der keine Grenzen akzeptiert, vor möglichen Folgen die Augen verschließt, gegenüber Kritik taub ist, Selbstkritik ablehnt und dem technologischen Imperativ folgt: Was technisch möglich ist, das *soll* auch hergestellt werden. Bauingenieuroffiziere der US Navy brachten diesen Imperativ während und in der Nachkriegszeit des zweiten Weltkrieges auf die plakatierte Kurzform ›Can Do!‹. Er widerspricht deutlich jeglicher Moral, denn der Zweck moralischer Regeln ist ausdrücklich zu verhindern, dass man alles tut, was man tun kann. So erweist sich dieser »technologische Imperativ als Perversion jeglicher Moral, ja als die proklamierte

Unmoral« (Lenk & Ropohl 1993, S. 7). Ein Fortschritt, der diesem Imperativ folgt, ist inhuman und kontranachhaltig. Nachhaltige Entwicklungen erfordern einen bescheidenen und maßvollen Fortschritt, sowie eine beständige kritische, selbstkritische und ethische Begleitung. Es ist ein Fortschritt, der sich der Bedeutung der Nachhaltigkeit für eine humane, soziale und ökologisch intakte Welt bewusst ist. Es ist ein Fortschritt in der Mitte zwischen zwei Extremen - dem zügellosen Fortschritt und dem Stillstand. Er ist damit ganz im Sinne des Cusanus, der - ebenso wie Aristoteles - den Weg der Mitte (gr. Mesotes) als den richtigen begründet (Aristoteles *Nikomachische Ethik*, 2. Buch, c. 6, 1107a). Bescheidenheit bremst folglich den Fortschritt nicht, sondern lenkt ihn auf den richtigen Weg und fördert ihn. Fortschritt gepaart mit Bescheidenheit wird dem nachhaltigen Wohl des Menschen, der Gesellschaft und der Natur gerechter, als ein Fortschritt, der sich als dogmatisch, bedingungslos und grenzenlos versteht. Und ist nicht dieses Wohl das Ziel jeglichen Fortschritts? Da das Wohl des Menschen, der Gesellschaft und der Natur das Leitziel nachhaltiger Entwicklungen ist, versteht es sich von selbst, dass auch bei nachhaltigen Projekten eine angemessene Bescheidenheit der adäquate Weg ist und der Glaube an einen grenzenlosen Fortschritt der inadäquate. Vor allem der dogmatische Fortschritts-, Technik- und Wissenschaftsglaube, dass alle Probleme früher oder später technisch-wissenschaftlich gelöst werden können, erweist sich in jeder nur denkbaren Hinsicht als kontranachhaltig. Die Belehrung über die eigene Unwissenheit - die docta ignorantia - ist dagegen ein wesentliches Kennzeichen eines Weges und damit eines Fortschritts, der zurecht als nachhaltig bezeichnet werden kann, da er primär das Wohl des Menschen, der Gesellschaft und der Natur als Lebensgrundlage des Menschen im Blick hat. Die docta ignorantia führt so zu einer Humanisierung der Technik. Nicht die technische Funktionalität und die wirtschaftliche Gewinnmaximierung sind das Maß einer humanen Technik, sondern der Mensch, der keine Sache ist, sondern »Zweck an sich selbst« (Kant 1785, *GMS*, AA IV, S. 429). Die Philosophie im Allgemeinen und die Bereichsphilosophien im Besonderen erweisen sich auf dem Weg zu einer Humanisierung der Technik als zuverlässige Partner, da zu ihrem Selbstverständnis gehört, ihre Resultate beständig selbstkritisch zu prüfen und zu hinterfragen, was nichts anderes ist, als Bescheidenheit in Forschung und Entwicklung.

# BIBLIOGRAPHIE

## 1 Quellen

ALPERN, Kenneth D. (1987): *Ingenieure als moralische Helden*. In: Lenk, Hans; Ropohl, Günter (Hg.): *Technik und Ethik*. 2. Aufl. Stuttgart, Reclam, 1993, S. 177-193.

AMNESTY INTERNATIONAL (2013): *Amnesty International Report: Zur weltweiten Lage der Menschenrechte*. Frankfurt am Main, Fischer.

ANSCOMBE, G. E. M. (1957): *Intention*. Cambridge, Harvard University Press.

ARISTOTELES: *Nikomachische Ethik*. Zitiert nach: ders. (1995): *Nikomachische Ethik* (übers. von Eugen Rolfes; bearb. von Günther Bien). Philosophische Schriften. Band 3. Hamburg, Meiner.
- ders.: *Physica*. Zitiert nach: ders. (1995): *Physik. Vorlesungen über die Natur* (übers. von Hans Günter Zekl). Philosophische Schriften. Band 6. Hamburg, Meiner.

BAUS, Sarah Amelie; Wessolowsky, Lisa (2012): *Entwicklung eines Hochschul-Ethikkodex*. In: www.philotec.de (Stand: Juni 2017).

BORSCHE, Tilman (2017): *Begriffe - die Urformen menschlicher Artefakte*. In: Franz, Jürgen H.; Berr, Karsten (Hg.): *Welt der Artefakte*. Berlin, Frank & Timme, 2017, S. 29-42.

BOYTCHEV, Hristio (2015): *Die Rettung aus der Petryschale. Wir züchten uns ein Herz*. DIE ZEIT, No. 33, 13. August, S. 58.

BRUNDTLAND, Gro Harlem et. al. (1987): *On Environment and Development* (Brundtland Report 1987). Z.B. in: www.bne-portal.de (Stand Juni 2017).

DEUTSCHER PRESSERAT (2015): *Publizistische Grundsätze (Pressekodex)*. Fassung vom 11. März 2015. In: www.presserat.de/pressekodex/pressekodex/ (Stand: Juni 2017).

FISCHER, Hans (1940): *Roger Bacon (1214-1292) und Nikolaus Cusanus (1401-1464) als Begründer chemischer und physikalisch-chemischer Methoden in der Medizin*. Schweizerische Medizinische Wochenzeitschrift 72, S. 506-510.

FISCHER, Peter (1996): *Technikphilosophie*. Leipzig, Reclam.

FRANZ, Jürgen H. (2007): *Wertneutralität - Ein Irrtum in der Technikdiskussion*. In: Franz, Jürgen H.; Rotermundt, Rainer: *Technik und Philosophie im Dialog*. Berlin, Frank & Timme, 2009, S. 93-121.
- ders.: (2010): *Geist und Handlung. Wilfrid Sellars' Theorie des Handelns im manifesten und wissenschaftlichen Weltbild*. Würzburg, Königshausen & Neumann.
- ders. (2012): *Der Technikbegriff des Nikolaus von Kues und seine Bedeutung für die Gegenwart*. In: Schwaetzer, Harald; Vannier, Marie-Anne (Hg.): *Zum Intellektverständnis bei Meister Eckhart und Nikolaus von Kues*. Münster, Aschendorff, S. 123-156.
- ders.: (2014): *Nachhaltigkeit, Menschlichkeit, Scheinheiligkeit. Philosophische Reflexionen über nachhaltige Entwicklung*. München, oekom.
- ders.: (2015): *Nachhaltigkeit, Bildung und Philosophie: eine obligatorische Trias im cusanischen Geist*. In: Coincidentia Beiheft 5.

## Bibliographie

- ders.: (2017): *Die Frage nach dem Artefakt und eine Antwort im cusanischen Geist. Eine Ontologie der Artefakte.* In: Franz, Jürgen H.; Berr, Karsten (Hg.): *Welt der Artefakte.* Berlin, Frank & Timme, S. 17-28.

FRANZ, Jürgen H.; ROTERMUNDT, Rainer: *Technik und Philosophie im Dialog.* Berlin, Frank & Timme, 2009, S. 93-121.

GETHMANN, Carl Friedrich; GETHMANN-SIEFERT, Annemarie (2000): *Einleitung. Ethische Probleme versus Technikfolgenabschätzung.* In: Gethmann-Siefert, Annemarie; Gethmann, Carl Friedrich (Hg.): *Philosophie und Technik.* München: Fink, (Neuzeit und Gegenwart), S. 7-23.

GROBER, Ulrich (2010): *Die Entdeckung der Nachhaltigkeit. Kulturgeschichte eines Begriffs.* München, Kunstmann.

GROBER Ulrich; ERENZ, Benedikt (2013): *Ein Wort geht um die Welt.* Interview. DIE ZEIT No. 17, 18. April.

GRUNWALD, Armin (2016): *Nachhaltigkeit verstehen. Arbeiten an der Bedeutung nachhaltiger Entwicklung.* München, Oekom.

GRUNWALD, Armin; KOPFMÜLLER, Jürgen (2012): *Nachhaltigkeit.* 2. Aufl.. Frankfurt, Campus.

HEIDEGGER, Martin (1953): *Die Frage nach der Technik.* Vortrag in der Reihe *Die Künste im technischen Zeitalter* der Bayerischen Akademie der schönen Künste. TU München. Wiederabgedruckt u.a. in ders. (1962): *Die Technik und die Kehre.* Pfullingen, Günther Neske, (5. Aufl. 1982).

HÖSLE, Vittorio (1995): *Warum ist die Technik ein philosophisches Schlüsselproblem geworden?* In: ders.: *Praktische Philosophie in der modernen Welt.* München, Beck, S. 87-108.

HUBIG, Christoph; HUNING, Alois; ROPOHL, Günter (Hrsg.) (2013): Nachdenken über Technik: Die Klassiker der Technikphilosophie und neuere Entwicklungen. 3., neu bearbeitete und erweiterte Aufl./Darmstädter Ausgabe. Berlin, edition sigma.

IEEE (1990): *Code of Ethics.* In: www.ieee-ies.org (Stand Juni 2017).

KANT, Immanuel (1784): *Beantwortung der Frage: Was ist Aufklärung?* Zitiert nach: ders. (1968): *Kants Werke.* Akademie Textausgabe Bd. VIII. Berlin, Walter de Gruyter, S. 33-42.
- ders. (1785): *Grundlegung zur Metaphysik der Sitten (GMS).* Zitiert nach ders. (1968): *Kants Werke.* Akademie Textausgabe, Bd. IV, Berlin, Walter de Gruyter, S. 385-463.

KAPP, Ernst (1877): *Grundlinien einer Philosophie der Technik.* Braunschweig, Georg Westermann.

KRIEGER, Gerhard; THOMAS, Simone (Hg.) (2007): *Nikolaus von Kues über Ethik und Politik.* Trier, Paulinus.

# 1 Quellen

KROES, Peter (2014): *Biological technical artefacts and the natural-artificial distinction.* Vortrag, Technikphilosophie im Dialog. Third Dutch/German Workshop in the Philosophy of Technology. Darmstadt, 12. - 14. Juni.

KROES, Peter; MEIJERS, Anthonie (2006): *The Dual Nature of technical artifacts.* Studies in History of Philosophy of Science, 37, S. 1-4.

LEHNE, Burchard (1957): *Nikolaus Cusanus in medizinhistorischer Sicht.* Münster.

LENK, Hans; ROPOHL, Günter (Hg.): *Technik und Ethik.* 2., revidierte und erweiterte Auflage. Stuttgart, Reclam, 1993.

LEIBNIZ, Gottfried Wilhelm (1720): *Les Principes de la Philosophie ou la Monadologie. Die Prinzipien der Philosophie oder die Monadologie.* Zitiert nach ders. (2000): *Kleine Schriften zur Metaphysik.* Philosophische Schriften Bd. 1. Hg. und übers. von Holz, Hans Heinz, Frankfurt, Suhrkamp, S. 438-483.

MANDRELLA, Isabelle (2011): *Viva imago. Die praktische Philosophie des Nikolaus Cusanus.* Münster, Aschendorff.

MÜLLER, Irmgard (2003): *Nikolaus von Kues und die Medizin.* Mitteilungen und Forschungsbeiträge der Cusanus-Gesellschaft (MFCG), 28, S. 333-350.

MÜLLER, Tom; VOLLET, Matthias (Hrsg.) (2013): *Die Modernitäten des Nikolaus von Kues.* Debatten und Rezeptionen. Bielefeld, transcript.

NAGEL, Fritz (1984): *Nikolaus Cusanus und die Entstehung der exakten Naturwissenschaften.* Münster, Aschendorff

NIDA-RÜMELIN, Julian (2005): *Theoretische und angewandte Ethik: Paradigmen, Begründungen, Bereiche.* In: ders. (Hg.): *Angewandte Ethik. Die Bereichsethiken und ihre theoretische Fundierung. Ein Handbuch.* Stuttgart: Kröner, S. 2-87.

PIEPER, Annemarie (2000): *Einführung in die Ethik.* 4. Auflage. Tübingen, Francke.

POSER, Hans (2014): *Ontologie der Artefakte.* Vortrag, Technikphilosophie im Dialog. Third Dutch/German Workshop in the Philosophy of Technology. Darmstadt, 12. - 14. Juni.
- ders. (2016): *Homo Creator. Technik als philosophische Herausforderung.* Wiesbaden, Springer.

REINHARDT, Klaus; SCHWAETZER, Harald (Hrsg.)(2003): *Nicolaus Cusanus - Vordenker moderner Naturwissenschaft?* Regensburg, Roderer.

REISS, Ingo (2016): *Das Verhältnis von Mathematik und Technik bei Nikolaus von Kues.* Berlin, Frank & Timme.

REUTER, Anne (2015): *Einführung in das Leben des Nikolaus von Kues.* In: Berr, Karsten; Franz, Jürgen H. (Hg.): *Prolegomena - Philosophie, Natur und Technik.* Berlin, Frank & Timme, S. 13-24.

Bibliographie

SCHARP, Kevin; BRANDOM, Robert B. (Hg.) (2007): *In the Space of Reasons: Selected Essays of Wilfrid Sellars*. Cambridge, Mass., Harvard University Press.

SCHMÜCKER, Reinold (2013): *Schwerpunkt: Philosophie der Artefakte*. DZPhil 61, 2, S. 215-218.

SCHNEIDER, Stefan (1992): *Cusanus als Wegbereiter der neuzeitlichen Naturwissenschaft?* MFCG 20, 182-220.

SENGER, Hans Gerhard (1970): *Zur Frage nach einer philosophischen Ethik des Nikolaus von Kues*. Wissenschaft und Weisheit 33,1 S. 5-25 und 33,2/3 S. 110-122.

SELLARS, Wilfrid (1965/66): *Science and Metaphysics: Variations on Kantian Themes* (The John Locke Lectures). Gedruckt u.a. durch Atascadero, Ridgeview (1992).

TRIERISCHER VOLKSFREUND (2011): *Lebenslange Haft für Eifeler Hammermörder*. 24./25. April.

VDI (2002): *Ethische Grundsätze des Ingenieurberufs*. In:www.vdi.de/fileadmin/media/content/ hg/16.pdf (Stand: Juni 2017).
- ders. (1991): *Technikbewertung. Begriffe und Grundlagen*. Richtlinie 3780. Berlin, Beuth.

WITTGENSTEIN, Ludwig (1922): *Tractatus logico-philosophicus*. Zitiert nach ders.: *Tractatus logico-philosophicus. Logisch-philosophische Abhandlung*. Frankfurt am Main, Suhrkamp, 1963.

## 2 WERKE DES NIKOLAUS VON KUES

Im Folgenden sind diejenigen cusanischen Werke aufgeführt, die im vorliegenden Buch verwendet wurden. Eine vollständige Auflistung der cusanischen Werke geben beispielsweise die Cusanus-Edition der Heidelberger Akademie für Wissenschaften (www.haw.uniheidelberg.de/forschung/forschungsstellen/cusanus.de.html) und das Cusanus-Portal (www.cusanus-portal.de)

*Compendium*. Zitiert wird nach Cusanus-Portal (übers. Wilhelm Dupré) und NvK: *Philosophisch-Theologische Werke*, Bd. 4 (übers. Bruno Decker & Karl Bormann), Hamburg, Meiner, 2002.

*Cribratio Alkorani* II. Zitiert wird nach NvK: *Sichtung des Korans*. 2. Buch. Hamburg, Meiner, 1990.

*De aequalitate*. Zitiert wird nach Cusanus-Portal (übers. Wilhelm Dupré).

*De beryllo*. Zitiert wird nach NvK: *Philosophisch-Theologische Werke*, Bd. 3 (übers. Karl Bormann), Hamburg, Meiner, 2002.

*De concordantia catholica*. Zitiert wird nach Krieger, Gerhard; Thomas, Simone (Hrsg.) (2007): *Nikolaus von Kues über Ethik und Politik*. Trier, Paulinus.

*De coniecturis*. Zitiert wird nach Cusanus-Portal (übers. Wilhelm Dupré).

## 2  Werke des Nikolaus von Kues

*De docta ignorantia.* Zitiert wird nach NvK: *Philosophisch-Theologische Werke*, Bd. 1 (übers. Paul Wilpert und Hans Gerhard Senger), Hamburg, Meiner, 2002.

*De pace fidei.* Zitiert wird nach NvK (2003): *Der Friede im Glauben*, 3. Aufl., Trier, Paulinus.

*De venatione sapientiae.* Zitiert wird nach NvK: *Philosophisch-Theologische Werke*, Bd. 1 (übers. Karl Bormann), Hamburg, Meiner, 2002.

*De visione Dei.* Zitiert wird nach Cusanus-Portal (übers. Wilhelm Dupré).

*Dialogus de ludo globi.* Zitiert wird nach NvK: *Philosophisch-Theologische Werke*, Bd. 3 (übers. Gerda von Bredow), Hamburg, Meiner, 2002 und nach Cusanus-Portal (übers. Wilhelm Dupré).

*Epistula ad Nicolaum Bononiensem.* In Cusanus-Portal (übers. Harald Schwaetzer und Kirstin Zeyer).

*Idiota de mente.* Zitiert wird nach NvK: *Philosophisch-Theologische Werke*, Bd. 2 (übers. Renate Steiger), Hamburg, Meiner, 2002 und nach Cusanus-Portal (übers. Wilhelm Dupré).

*Idiota de staticis experimentis.* In NvK: *Der Laie über Versuche mit der Waage* (übers. von Hildegund Rogner-Menzel), publiziert in Hoffmann, Ernst (Hg.): *Schriften des Nikolaus von Cues*. Heft 5. Leipzig, Meiner, 1942 und in Cusanus-Portal.

Sermones (XXIV, CLXIX, CCXLVIII, CCLI, CCLXXII): In NvK: *Predigten in deutscher Übersetzung*, Bd. 3 (Sermones CXXII-CCIII), Hg. von Euler, Walter Andreas; Reinhard, Klaus; Schwaetzer, Harald, Münster, 2007 und in Cusanus-Portal.

# PERSONENREGISTER

## A

ALPERN, Kenneth 24f

ANSCOMBE, Gertrude Elizabeth Margaret 21

ARISTOTELES 49, 64f, 68, 90, 96, 104, 106, 116, 134, 140

## B

BAUS, Sarah Amelie 75

BECKER, Ellen 8

BORSCHE, Tilman 114, 128

BOYTCHEV, Hristio 133

BRANDOM, Robert B. 39

BRUNDLAND, Gro Harlem 85

## E

ERENZ, Benedikt 88

## F

FIESELER, Annette 8

FISCHER, Hans 25

FISCHER, Peter 12

FRANZ, Jürgen H. 1, 8, 14f, 20, 41f, 61, 70f, 74f, 83, 86f, 98, 104, 118, 128, 131, 134

FRANZ, Margarete 5

## G

GALILEI, Galileo 107

GEHLEN, Arnold 37

GETHMANN, Carl Friedrich 21

GETHMANN-SIEFERT, Annemarie 21

GROBER, Ulrich 12, 88, 108f

GRUNWALD, Armin 87, 98

## H

HEIDEGGER, Martin 17, 89, 128

HERBST, August 8

HÖSLE, Vittorio 90

HUBIG, Christoph 17

HUNING, Alois 17

## K

KANT, Immanuel 30, 58, 61, 73, 80, 83, 86, 117, 140

KAPP, Ernst 17

KELLER, Georg 8

KEPLER, Johannes 107

KOPFMÜLLER, Jürgen 87

KOPERNIKUS, Nikolaus 107f

KRIEGER, Gerhard 63, 115

KROES, Peter 133ff

## Personenregister

**L**

LEHNE, Burchard 25

LEIBNIZ, Gottfried Wilhelm 95f

LENK, Hans 140

**M**

MANDRELLA, Isabelle 30, 60, 63ff, 82

MEIJERS, Anthonie 135

MÜLLER, Irmgard 25

MÜLLER, Tom 11, 123

**N**

NAGEL, Fritz 26

NIDA-RÜMELIN, Julian 59

**P**

PIEPER, Annemarie 57

PLATON 27, 33, 46, 68, 73, 90, 129

POSER, Hans 135f

**R**

REINHARDT, Klaus 26

REISS, Ingo 8, 14, 26, 104

REUTER, Anne 8, 11

ROPOHL, Günter 17, 140

ROTERMUNDT, Rainer 70

**S**

SCHARP, Kevin 39

SCHMÜCKER, Reinold 127

SCHNEIDER, Stefan 26

SCHOLL, Hans 118

SCHOLL, Sophie 118

SCHWAETZER, Harald 8, 26, 37, 56

SENGER, Hans Gerhard 60

SELLARS, Wilfrid 39, 71f

SOKRATES 90, 127f, 137f

STEIGER, Renate 36

**T**

THOMAS, Simone 63, 115

**V**

VON CARLOWITZ, Hans Carl 88

VOLLET, Matthias 8, 11, 123

**W**

WESSOLOWSKY, Lisa 75

WITTGENSTEIN, Ludwig 130

# PHILOSOPHIE, NATURWISSENSCHAFT UND TECHNIK

Bd. 1 Karsten Berr/Jürgen H. Franz (Hg.): Prolegomena – Philosophie, Natur und Technik. 234 Seiten. ISBN 978-3-7329-0160-9

Bd. 2 Helga Spriestersbach: Die Substanz bei Spinoza und Leibniz. 126 Seiten. ISBN 978-3-7329-0200-2

Bd. 3 Ingo Reiss: Das Verhältnis von Mathematik und Technik bei Nikolaus von Kues. 102 Seiten. ISBN 978-3-7329-0264-4

Bd. 4 Jürgen H. Franz/Karsten Berr (Hg.): Welt der Artefakte. 238 Seiten. ISBN 978-3-7329-0291-0

Bd. 5 Jürgen H. Franz: Nikolaus von Kues – Philosophie der Technik und Nachhaltigkeit. 150 Seiten. ISBN 978-3-7329-0369-6

Bd. 6 Markus Dangl: Naturalistische und eliminative Erkenntnistheorien. Eine Kritik. 106 Seiten. ISBN 978-3-7329-0423-5

Bd. 7 Torsten Nieland (Hg.): Erscheinung und Vernunft – Wirklichkeitszugänge der Aufklärung. 292 Seiten. ISBN 978-3-7329-0520-1

Bd. 8 Friedrich Reinhard Schmidt: Das ist der Mensch. 142 Seiten. ISBN 978-3-7329-0556-0

Bd. 9 Karsten Berr/Jürgen H. Franz (Hg.): Zukunft gestalten – Digitalisierung, Künstliche Intelligenz (KI) und Philosophie. 248 Seiten. ISBN 978-3-7329-0547-8

Bd. 10 Gordon Seitz: Metaphysik und Naturwissenschaft bei Kant und Whitehead. Eine Verhältnisbestimmung. 128 Seiten. ISBN 978-3-7329-0521-8

Bd. 11 Norbert Klöcker: Künstliche Intelligenz und lernende Systeme. Kann ein Computer intelligent handeln? 186 Seiten. ISBN 978-3-7329-0648-2

Frank & Timme

# PHILOSOPHIE, NATURWISSENSCHAFT UND TECHNIK

Bd. 12  Henning Stahlschmidt: Zwischen Freiheit und Vernunft –
Die Möglichkeit in der Phänomenologie Husserls.
112 Seiten. ISBN 978-3-7329-0792-2

Bd. 13  Jürgen H. Franz/Karsten Berr (Hg.): Menschenrechte und
Menschenwürde. Philosophische Zugänge und alltägliche Praxis.
286 Seiten. ISBN 978-3-7329-0815-8

Frank & Timme